方寸之间　别有天地

[美]
诺曼·C. 埃尔斯特兰德 —— 著
Norman C. Ellstrand

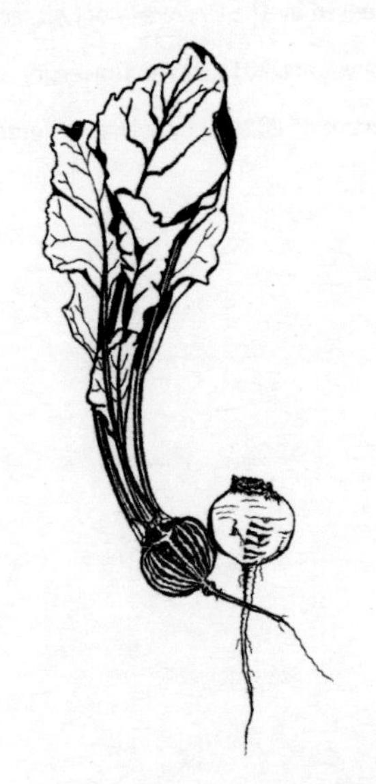

餐桌上的浪漫史

植物如何调情和繁育后代

[美] 西尔维娅·M.埃雷迪亚 —— 绘
Sylvia M. Heredia

Sex on the kitchen Table

The Romance of Plants and Your Food

王 晨 —— 译

社会科学文献出版社
SOCIAL SCIENCES ACADEMIC PRESS (CHINA)

贝弗利·埃尔斯特兰德（Beverly Ellstrand）的画作《爱情苹果之心》(The Heart of the Love Apple)。这幅画描绘了植物浪漫的果实。剖开的横切面是番茄的果实和种子，又称“爱之果”(pomme d’amour)。

献给特蕾西，内森，妈妈和爸爸

目 录

前言

……人类居然能够抽出足够多的时间不去想食物和性，还利用这些时间创造出了艺术和科学，这太神奇了……

ix

——梅森·库利（Mason Cooley），教授、作家、格言作者

神奇，的确是神奇！毫无疑问，我们用大把时间来惦记食物和性。但我们是想着食物的时间更多，还是想着性的时间更多？如今我在谷歌上搜索“sex”（性）这个单词，会得到32亿个结果，而搜索“food”（食物）则会得到近42亿个结果。食物排名第一不是没有理由的，毕竟食物对于生存至关重要。性常常很美好，但它并不是必需品。事实上，食物和性之间有着天然的密切关系。在谷歌上同时搜索“food”和“sex”会得到近5亿个结果，人们会对此感到惊讶吗？正是这两个元素的结合帮助我打造了自己的科学事业。

对我而言，寻找性、食物和科学的交叉点的过程并不全然一

帆风顺。我的父母是20世纪60年代的美食达人，尽管当时“美食达人”这个词还没有被创造出来。他们一个是东欧裔，一个是斯堪的纳维亚裔，所以我小时候经常享用丰富多样的有趣食物。我家吃腌鲱鱼和熏鲑鱼的次数比炸鱼排多，餐桌上更常出现的是百吉饼和嚼劲十足的黑麦面包，而不是经过维生素强化的白面包。去餐厅吃饭就是一场充满欢乐的试验：“诺曼，你为什么不尝尝这道蜗牛呢？”

观鸟成瘾让我走上了在大学钻研进化生物学的道路，而我对性的兴趣则有更系统的基础。伊利诺伊大学的教授大卫·南尼（David Nanney）是我读本科时的导师，激发过我对性的兴趣，他曾无意间问过我两个问题：“繁殖可以在没有性的情况下发生吗？性可以在没有繁殖的情况下发生吗？”这激发了我对性的兴趣，我开始研读这方面的内容。当我发现20世纪70年代中期的进化生物学家正在对为什么会出现性这个富于挑战性的问题进行激烈的理论争辩时，我的惊喜之情可想而知。

为什么会有性？我对这个问题着了迷，准备在研究生阶段好好思考它。将研究对象从鸟类转移到植物很容易。唐·莱文（Don Levin）教授极力推崇植物，说它们是生物学研究的理想对象：“它们不会动，不咬人，不流血，也不会在你手上拉屎……动物学家提出的理论很好，但他们的研究对象很糟糕。”此外，植物在性方面的多样性让鸟类之间的性显得平淡无奇。当然，植物科学包括农业——以及食用植物的生物学。虽然我攻读学位时研究的是野生物种，但我也了解到植物进化领域许多最出色的工作都是由研究作物物种的科学家最先开展的。杜克大学的贾妮斯·安东诺维奇（Janis Antonovics）教授就是这些先驱中的一位。他在台湾花了一年时间研究如何提高当地的水稻产量，此后，一回到美国就设计了一系列首次探讨为什么性在生物界普遍存在的试验。他聘请我到他那里做博士后工作。安东诺维奇是一位宝贵的导师，他教我如何聪明地工作，而不只是勤奋地工作。他的建议是："做那些为你注入能量的事。"

xi

为我注入能量的事，是思考如何将性和食物结合起来。加州大学河滨分校是一所政府赠予土地的大学，所以我的试验站经费应当有利于加州农业的发展。我终于开始研究食用植物了！在近十年的时间里，我同时进行着基础研究项目和应用研究项目。而当我意识到植物间的性可以将改造后的基因转移给非计划中的种群，尤其是作物的野生近亲物种时，这两种研究项目就融为一体了。将关于植物的性的科学引入转基因作物[①]监管政策的制定中，这是一场已持续几十年且仍在进行的冒险历程。我在这场冒险中学到了很多，其中之一是，人们对性在食物生产中的作用误解很深，甚至连许多科学家也不例外。加入转基因作物政策讨论后，我很快就认识到自己不懂农艺学和园艺学，对于如何将转基因植

① 目前，关于转基因作物存在较大争议，各国对转基因作物的态度和政策亦存在较大差别，本书中关于转基因作物的描述为作者观点，尊重原文进行翻译，请读者谨慎判断。——编者注

物从培养皿引进市场也知之甚少，并因此自感惭愧。在这个过程中，我则向其他科学家讲述了群体遗传学和进化生物学领域的知识。我还知道了这样一个事实："所有人都知道……"这种话常常以错误的内容结束，无论这些话是从谁的嘴里说出来的。这是我撰写这本美食家的性手册的动机之一。

人类和食物的关系是，人类必须依赖食物才能生存。与食物相关的信息在我们的生活中泛滥成灾——从真实的信息到纯粹的幻想再到有意为之的虚假新闻——它们影响着人与食物的上述关系的构建。我们所食之物的浪漫史应当是永恒的：它既不应基于对当日特色主菜的痴迷，也不应基于充斥着焦虑情绪的 YouTube 视频。近些年来，我见证了博客上的一场战争，对阵双方是一群不切实际、过于热心、自我标榜的食物布道者（"要不要让我跟你讲讲那块威化饼干的害处？"）和一群自鸣得意、自以为是的伪科学家（"他们怎么能这么蠢？所有人都知道……"）。不要让幕后的假行家把你绕晕（我自己至少上过一次当，现在回头看，那是一段我不愿意重复的磨炼性格的经历）。

xii

我们需要了解我们的食物，这本书是通向该目标的一辆列车。让关于食物和性的每一章都成为一场促膝谈心，通过理解我们所爱之物——也是维持我们生存之物，逐渐呈现食物的永恒浪漫史。科学认知应当是通俗易懂、清新有趣的。

不要受限于这本书，质疑一切，不要让固有的认知阻挠你获取新知识。而且要记住：科学信息是不断改变和更新的，要持续学习。运用你从这本书以及别处学到的东西，对喜欢什么和不喜欢什么做出你自己的伦理、环境、政治和社会选择。然后依据你现在的科学认知行事，但是别忘了要永远对新信息保持开放的态度。

下面，将灯光调得朦胧些，打开调动气氛的音乐，开始阅读第1章。

祝你好胃口！

1

园子

耶和华神使各样的树从地里长出来，可以悦人的眼目，其上的果子好作食物。园子当中又有生命树、智慧树和分别善恶的树。

——《创世纪》第 2 章第 9 节（中英和合本）

001

在第一次提到为获取食物而种植的植物时，圣经的文字充满戏剧性——生命、诞生和死亡；知识、纯真和傲慢。在《创世纪》的下一章，蛇向夏娃提出的膳食建议引发了一系列事件，而这些事件揭示了食物与性的紧密关系。生命的持续需要吸收营养，这依赖于其他生物的繁殖、繁盛和死亡。食物依赖性，性依赖食物。

我们小时候经常问的一个问题是，“我是从哪里来的？”而我们在这里探讨的，是关于性的另一个问题：“我们的食物是从哪里来的？”就像夏娃和亚当一样，我们大多数人都感到和我们的园

图 1.1　在伊甸园，蛇建议夏娃吃个智慧树的果实当甜点。

子渐行渐远。这一点也不奇怪。21世纪初，人类进入了超过半数人居住在城市里的时代（联合国 2014），每五个人当中只有一个人从事与农业直接相关的工作（Alston 和 Pardey 2014）。难怪城市居民对食物的相关知识如此饥渴，让关于这个主题的纸质和电子出版内容如潮水般不断涌现。

尤其是过去的十年，人们对所有食物的兴趣都出现了爆发式的增长。最后，经过多年的深藏不露之后，食物如今不再是农业科学家和食品加工工程师的专属领域，其他学者也可以名正言顺地研究它们。食物还在流行文化中大放异彩，成了人人瞩目的主角。瞧瞧热播的美食频道（Food Network）和层出不穷的美食电影:《落魄大厨》(*Chef*)、《天竺蓝调》(*Basmati Blues*)、《美食总动员》(*Ratatouille*)、《米其林情缘》(*The Hundred-Foot Journey*),《浓情巧克力》(*Chocolat*)。美食人士不只包括名人大厨之类的人物，例如爱丽丝·沃特斯（Alice Waters）、托马斯·凯勒（Thomas Keller）、沃尔夫冈·帕克（Wolfgang Puck）、杰米·奥利弗（Jamie Oliver）、玛莎·斯图尔特（Martha Stewart）、费兰·阿德里亚（Ferran Adrià）、戈登·拉姆齐（Gordon Ramsay）和里克·贝利斯（Rick Bayless）；还包括那些不将自己局限于餐厅和菜谱的目光敏锐的观察家，如托尼·布尔丹（Tony Bourdain）、丹·查尔斯（Dan Charles）和马里昂·奈斯德（Marion Nestle）。一些博学的食物专家提到，食物在媒体中得到的颂扬已经与性不相上下了。它们充满感官诱惑的视觉图像被称为“食物色情”(food porn)。

这场食物的盛宴虽然充满趣味性和娱乐性，但它仍然无法回答我们的食物到底从哪里来的问题。对于远离农业的人，食物的来源是个深奥难解的秘密。就算是受过良好教育的人，也可能感到困惑或者被错误的信息误导。在飞越大西洋的一架国际航班上，有个坐在我旁边的年轻人抱怨现在的食物不健康，他说要是我们能够摆脱转基因作物，我们就能返璞归真，去吃野生植物了。当我向他解释说对于绝大多数人而言，野生植物早在几千年前就在世界各地的菜单上消失了的时候，他惊讶地张大了嘴。这位来自名牌公立大学的工商管理学硕士此前从未了解过这样一个简单的事实：从遗传的角度看，非转基因驯化食用植物与野生植物有着极大的不同，他吃的动植物食品是人为干预之下的数千年进化的产物。我们应当知道，除了极少数的例外，今天的食用植物都是有意识和无意识的基因修饰的结果。绝大部分此类遗传改良都需要性和人工选择，性负责产生变异，人工选择负责在变异中挑选优良后代。基因修饰？你吃的植物肯定是基因修饰过的。基因工程？就目前而言，只有为数不多的物种经历过。

本书的目的是介绍在园子里发生的事，理解我们的食用植物的浪漫史。通过揭示隐藏在我们所食之物背后的植物的性（体现在这些植物的各种繁殖、进化和遗传机制中），帮助读者从短期（你手里的番茄）和长期（一种其貌不扬的海滨野草如何进化成为重要的食糖来源）两个方面来理解我们的食物从哪里来。因此，“食物从哪里来”这个问题有两个答案。

004

第一个答案。在我们的植物性食物中，很大一部分是性的直接产品或者与性有着紧密的联系。种子相当于植物的婴儿，是有性繁殖的产物，无论这些种子是烘焙后用来煮咖啡、压粉后制作芥末、碾成面粉、萌发后酿造啤酒，还是发酵后制作可可。果实是种子的容器。牛油果、蓝莓、黄瓜、榴莲、茄子、费约果（feijoa）、葡萄、山楂果、异叶番荔枝（ilama）、波罗蜜、猕猴桃、来檬（lime）、杧果、油桃、油橄榄、胡椒、榅桲（quince）、红毛丹、番荔枝（sweetsop）、番茄、槟榔青（*umbú*）、香子兰“豆”（vanilla “beans”）、西瓜、仙人掌果（*xoconostle*）、黄美果榄（yellow sapote）和西葫芦，这些都是果实，它们的功能是容纳有性繁殖产生的种子。有些花器官——它们明显与性有关——也会进入我们口中，例如南瓜花和藏红花。

第二个答案。在我们的食用植物的最终起源中，性发挥着影响深远的作用。大多数食用植物是数百个世代在数千年的进化中发展的结果，它们首先受到人类的干扰，紧接着是人类的管理，然后是驯化，最终是持续的遗传改良。在距离有意识地选择那些拥有可遗传优良性状的植物很久之前，人类就开始栽培植物了。石器时代晚期的初代农民已经在管理他们喜欢和使用的植物。他们一开始是采集者，然后他们开始试验。他们也许会修剪果树的枝条，刺激新枝的生长。对于拥有可食用地下部位的植物，他们也许会通过除掉附近竞争者的方式帮助它们生长。他们也许会移植一些植物，至自己的棚屋附近，在那儿，这些移栽植物可以从腐烂垃圾和其他人类排泄物中吸收养分。这些早期栽培方法的最后一步是选择那些受益于人类操纵的基因型，从而开始漫长的驯化过程。得到人类照料的植物会结出更多种子，从而传递它们的更多基因。随着初代作物积累这些遗传得来的性状，它们进化得更加依赖人类，而人类的行为发展得更加依赖这些植物（Pollan 2001）。进化后在人类的照料下生存和繁殖的物种称为驯化物种。有些物种驯化得非常彻底——例如玉米和大豆，以至于在缺乏人类干预的情况下，它们最多只能存活一代或两代（Owen 2005）。

随着时间的推移，进化过程逐渐转变为完全刻意的过程。所谓的植物改良需要在对目标性状的追求中一代又一代地操纵植物谱系。例如，就在我写下这些文字的时候，全世界的小麦育种专家都在采取紧急行动，创造新的小麦品种以抵御一种新的秆锈病。这种病害 1999 年最初在乌干达出现（病菌的代号是 Ug99），目前已经扩散到 13 个国家，威胁着非洲的粮食安全（Singh 等 2011）。（你可以登录网站 http：//rusttracker.org，了解关于这种病害的最新进展。）

我在大学里教授一门关于食物生物学的非专业选修课，学生们的专业五花八门，包括艺术、文学、商业、工程和戏剧——除了自然科学之外什么都有。我的这门课名叫“加州的丰饶蔬果”（California’s Cornucopia），上这门课的本科生反过来教了我一些东西。我从他们身上了解到，作为吃东西的动物，人类天然就对关于食物的知识感到兴奋。因此我采用了一种新颖的教学策略。传统的“有用植物”课程按照产品类型安排每一节课的内容：豆类、纤维植物、谷物，等等。我没有采用这种方式，而是将每一种作物作为进行探索的平台。

我在这里使用的是相同的策略。这本书是写给富于好奇心的大众读者的。如果你的生物学课程是很久之前上的，你已经忘记了细节，那么这本书很适合你。也许你学过普通生物学，但是你的教授压缩了植物生物学的内容，科学术语逐章深入，所以读到最后一章时，读者已经做好了充分的准备去理解基因工程。已经充分了解植物学或其他植物科学的读者也许想要跳过第 2 章，对于不熟悉植物和遗传学的读者，按顺序从头到尾的阅读方式是最好的。

图 1.2　丰饶的蔬果

第2章是一份植物性手册，这一章用食用作物作为例子，帮助读者理解不同植物物种的花和果实结构、授粉，以及雄性和雌性器官的空间排列和时间安排。绰号“爱情果”的番茄被拿来作为进行比较的标准。第3章用形似阴茎的香蕉展示了生活中的不幸：没有性的繁殖。在这个过程中，我们顺便了解无性繁殖和有性繁殖之间的矛盾：前者在经济和进化上有短期优势，但后者创造出的遗传多样性有长期优势。将第4章的牛油果送到你的餐桌上和嘴里需要繁殖过程中三重时机的配合：雄性和雌性特征表达的时机，每棵树结果数量的逐年变化，以及果实成熟的时机。第5章讲述的故事展示了被人类操纵的植物浪漫史的甜蜜一面，植物的人类媒人采用越来越复杂的植物交配技术，让甘蔗的对手——糖用甜菜完成了进化。这一章还讲述了一个更暗黑的色情故事：其中一种方法在无意之间促成糖用甜菜和它的野生祖先勾搭在一起，导致了全世界代价最高昂的杂草之一的进化。南瓜是第6章的对象，用于探讨基因工程这种相对较新的植物育种方法如何通过已有几十亿年历史的有性过程创造新颖的食物。性可以利用某些令人吃惊的方式，将经过基因工程改造过的基因扩散开来。后记总结了前文陈述的内容，讨论我们与园子的不断变化的关系会有怎样的未来。

虽然这些章节中的科学文字也许能引发对食物足够的科学思考，但它们绝对无法取代享用食物的实证经验。因此，每一章都以该章主题植物的一道食谱作为结尾，为读者提供品尝美食和思考的机会。

重点是我们从未真正离开过园子。

食谱：田园蔬菜汤，即西班牙冷汤

植物科学家是物种多样性的拥趸。我们在植物园入迷，我们兴高采烈地在荒野中徒步，农夫市场让我们狂喜。园子里拥有典型的多样性。没有什么比西班牙冷汤更能代表园子的多样性了，因为这道食谱可以接受你手头上的任何食材。我的这个现代版本可以追溯到非常古老的黄瓜醋冷汤，这种汤羹在古罗马时代用来为行军的士兵提神。

4 杯西红柿和 / 或蔬菜汁

1/2 杯切碎的青葱或大葱

1 个或 2 个中等大小的蒜瓣，压碎

1 个切碎的中等大小的灯笼椒

1 茶匙蜂蜜或糖

1/2 个柠檬的汁（不要使用梅尔柠檬［Meyer lemon］，那不是真正的柠檬）

1 个来檬的汁（个头小的有籽来檬和更大的无籽来檬都可以，但它们的味道迥然不同）

园子　009

1 汤匙红酒醋

1 汤匙未过滤的苹果醋

1 茶匙干罗勒（或者 1 汤匙切碎的新鲜罗勒）

1 茶匙孜然粉

1/4 杯切碎的欧芹或芫荽

3 汤匙橄榄油

2 杯去籽后切成小块的新鲜成熟番茄

盐，胡椒等依据个人口味

六至八人份。

将食材放入大碗稍微混合。留下一或两杯，将剩余部分倒进搅拌器打成泥状。将保留的部分加入菜泥中增添质感。冷藏并冷食。

试验，试验，试验！尽管增添、减少和 / 或更改食材，以满足你的喜好。举几个例子：往最后做好的冷汤里直接添加切碎的茴香或苹果、刚剥出来的嫩豌豆或者煮熟后冰镇的虾。试试其他调味料：卡宴辣椒、红辣椒粉、小豆蔻……

2

番茄：

植物性手册

爱情多壮丽。

——1955年同名电影和歌曲［歌词作者保罗·弗朗西斯·韦伯（Paul Francis Weber）］

想象一个完美的番茄。它被园子里的夏日阳光晒得微微温热，果实饱满，表面光滑，紧致而有韧性，风味十足，酸甜宜人。感受到你下巴上的汁液了吗？

番茄深受前哥伦布时代美洲文明的喜爱和充分驯化，直到16世纪才进入欧洲（Rick 1995）。但它在欧洲遭到了冷遇。番茄与欧洲本土的一些著名植物非常相似，而这些著名植物的名声来自它们的毒性。番茄的果实和花与欧洲的颠茄（night shade）和龙葵（black nightshade）很像，它们都是同一个科的成员。颠

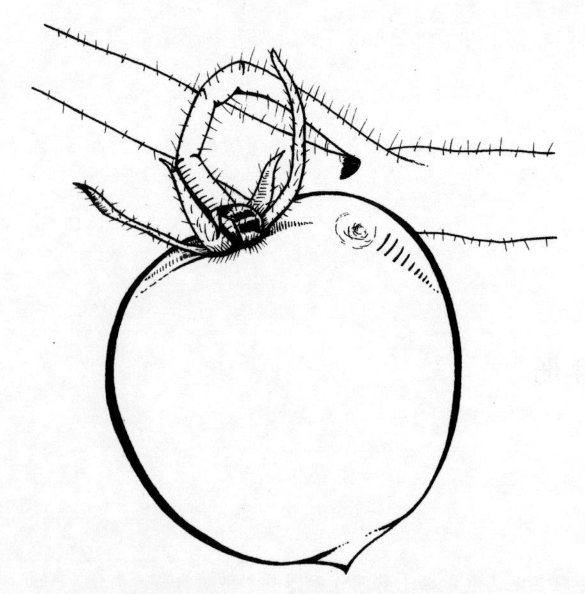

图 2.1　挂在多毛枝条上，长着五枚萼片的番茄果实

茄是遍布全球的典型有毒植物之一，有毒的部位包括它有甜味的成熟浆果。未熟透的龙葵浆果含有足以杀死一个儿童的毒素（Delfelice 2003）。很多欧洲人据此认为，番茄这种来自新世界的果实显然也是有毒的。番茄拉丁学名的种加词 *lycopersicum*（意为“狼桃”）反映了这种误解。从番茄枝条上掐下一片叶子，在你的手指间搓碎。闻一下，你就会知道这种植物拥有某种令人不安的东西。你还能责怪大多数欧洲人甚至欧裔北美人曾经对番茄保持距离，只肯将它作为观赏植物栽培，多年之后才敢去吃成熟的果实吗？

012

成熟番茄是心形的，鲜红诱人，性感得无可救药。有些罗曼蒂克的人曾经相信，在恰当的剂量下，番茄有壮阳的功效，这解释了它从前的法语名字的来历：la pomme d'amour（意为"爱情果"）。在英国人和他们的北美殖民地依然保持警惕时，伊比利亚人和意大利人克服了自己最初的恐惧，很快就将番茄融入他们的烹饪中。如今，没有番茄的意大利美食是难以想象的。然而青年时代的克里斯多夫·哥伦布在吃意大利面时可没有番茄酱调味。

想象一下番茄植株。它看上去有点孤单。但真的是这样吗？

生长在田野里、被自己的同类环绕的一株番茄，就像走进单身酒吧的人一样，身边到处都是找到甜心配偶的机会。番茄田里的每一棵植株对于其他每一棵植株而言，都是欢迎投怀送抱的。这不仅限于番茄（*Solanum lycopersicum*）这个物种。也许在有的人看来，成千上万个植物物种实际上过着梦幻般的生活。彼此之间的性接受不只是番茄植株的生活常态，大多数植物物种也是如此（Richards 1997）。实际上，就配偶的广泛可得性而言，它们的现实生活甚至超越了梦幻的程度。在番茄城市里，每个市民都同时拥有雄性和雌性器官，每个市民都能和授粉距离之内的其他每个市民交配。在番茄这样的物种中，靠近其他 10 棵番茄植株的一株番茄拥有 11 个潜在的交配对象。11 个？这是不小心打错字了吗？不。每一棵植株都可以和所有其他植株以及它们自己交配。关于植物的性，最常见的形式就是成功地自交受精的能力，植物学家和动物学家称之为自交可育性（是的，有些动物也能做到这一点）。自交可育的个体有潜力同时成为自己的一个或多个后代的母亲和父亲。

当你在思考这种情况时，要知道你食用的果实大都来自经常进行这种性活动的植物。汉堡里的番茄切片，做配菜的腌黄瓜，还有加工成高果糖玉米糖浆添加到碳酸饮料里的玉米粒，它们都是能够与陌生植物、亲戚或者自身交配的两性植物的性产物。全世界人类消耗的大部分营养是植物性活动的直接后果，即种子及其果实。在比较少的情况下，我们食用与性只有一步之遥的植物部位：花或花蕾。当然，我们偶尔还会吃植物的营养部位——叶、茎和根。没有性的植物时不时加入我们的饮食中。没有性的生活绝不单调沉闷。事实上，这种生活是危险的。不过还是让我们首先考虑那些经常有性生活的植物。

虽然潜在的滥交加上自交可育性是植物最常见的性模式，但它绝不是唯一的模式。植物的性世界比动物更纷繁多样。对于植物而言，爱的确是多么壮丽的事，千变万化的形式超出了想象力的束缚。对于为我们提供食物的植物，变化的种类也同样丰富。在你咬下的每一口食物背后，都隐藏着格格窃笑的厄洛斯[①]（Eros）和阿弗洛狄忒[②]（Aphrodite）。进化让植物得以利用性的多样性调节它们的基因从一个世代传递到下一个世代的方式，就让我们审视一下这种多样性吧。万花筒般的植物性行为或许看上

① 希腊神话中的爱神，相当于罗马神话中的丘比特。——译注
② 希腊神话中爱与美的女神，相当于罗马神话中的维纳斯。——译注

去缤纷多样，但对于相关植物而言，每个物种的性实践都能完成任务。

和任何其他手册一样，我们这本手册也需要先确定一些基本原则和术语。

本书思考的植物和食物的范围

本书关注的焦点是植物和它们的产品，这些产品作为主餐、零食或饮料的一部分进入我们口中。某些植物部位从植株上直接采摘下来，可以不经加工或者经过很少的加工后立刻食用，例如水果和果汁、坚果、种子、蔬菜、香料，以及烹饪用的香草。相比之下，为人类提供很大一部分的卡路里和大量营养素——碳水化合物、脂质和蛋白质——的谷物和干豆几乎总是需要一定程度的加工。例子包括煮成可食用谷粒的大米和藜麦、碾碎后烤成面包的小麦和燕麦、浸泡后煮进印度辣豆汤里的小扁豆、用来做玉米卷饼和玉米粥的玉米粉，以及做成荞麦粥的荞麦。为人类贡献大部分剩余卡路里的植物地下部位同样需要加工，例如马铃薯、木薯、番薯（一个番薯属物种，虽然英文名是 sweet potato，但它根本不是马铃薯，而马铃薯是番茄的近亲）、芋头，等等。用来为我们制作提神饮料的原材料——咖啡、瓜拉纳、茶、可可和巴拉圭茶——必须经过烘焙或发酵，或者两个过程都要经历。发酵也是酿造酒精饮料必不可少的过程：果汁变成葡萄酒，谷物萌发晾干（“麦芽制造”）后酿成啤酒，龙舌兰变成龙舌兰酒。此外，蒸馏步骤起到浓缩酒精的作用，制造出劲头更大的烈酒，例如将葡萄酒转化为白兰地。在我们的包装加工食品中，来自植物的产品常常经过多道工序，变化得一点也认不出来源植物的原貌。

拿起一包薯条、一罐碳酸饮料或者一根巧克力棒，找找印在包装上的配料表，看看你能不能发现下面这些植物产品：高果糖玉米糖浆、玉米油、玉米淀粉、糖（来自甘蔗或甜菜）、大豆卵磷脂、氢化棉籽油、氢化棕榈仁油，以及可可脂。这些产品要么是相对纯净的化学物质，要么是各种化学物质的混合物，它们都是加工过程的产物，这些加工过程是对植物材料进行纯化，并/或将植物材料转变为一种或几种化合物。难度更大的挑战是找到没有这些化学成分的配料表。要记住人类并不是唯一将植物材料加工成食物的动物。想想蜂蜜吧。

016

到目前为止，本书提到的每一种植物——包括番茄在内——都属于一个非常庞大的进化类群，称为开花植物，这个类群的特点是拥有花和结籽的果实。目前植物的科学定义比这个范围宽广得多，包括使用孢子代替种子或果实进行繁殖的植物（例如蕨类），以及使用球果代替花制造种子进行繁殖的植物（例如松树）。感觉内容太多记不住？从前的情况更糟糕。在更早的时候（大约是我出生的年代），植物学家经常认为“植物”包括所有非植物生命形式，而现在人们发现这些非植物中的不少类群在进化上与植物的关系遥远得和人类一样（甚至比人类与植物的关系更远）：细菌、酵母菌、藻类、蘑菇、黏菌……

你可能还记得高中生物学曾经学过，开花植物又称被子植物（angiosperm），这个名字指的是种子（sperm）生长在果实内部（angio- 这个前缀的意思是“密闭容器”）。（令人好奇的是它们的俗称为什么不是“结果植物”，但真的不是。）开花植物拥有超过25万个已知物种，尚未描述的物种数量很可能同样多，它们不仅是最大的植物类群，而且在整个植物界中的比例高达90%（Crepet 和 Niklas 2009）。被子植物如此常见而且数量众多，它们是你最有可能遇到（以及放进嘴里）的陆地植物。人类食用的植物物种中99%以上是被子植物；在全世界食用植物的栽培和收获面积中，开花植物所占的比例超过99%，而且它们贡献了人类摄入卡路里总量（从食物链中直接或间接得到的）的99%以上。

非被子植物没有果实或花。来自这些植物的少数重要食物包括松子，以及某些蕨类物种的卷曲嫩芽。所有植物，无论是不是开花植物，都拥有世代交替的生活史。对于非被子植物而言，世代更替带来的复杂性常常很重要。被子植物的生活史与我们人类的生活史近似，但并不完全相同。由于我们的食物几乎完全来自被子植物，所以出于实用的目的，让我们暂时不提世代交替。例如，我会将只有花粉的花称为雄花，而不会使用在植物学上正确（但是相当笨拙）的短语“雄配子体承载结构”。很多研究植物繁殖的生物学家也采取同样的做法。

总之，就配子生产和受精方面的基本形式而言，被子植物的性生活是所有植物中最接近动物的，但是要令人兴奋得多。不信的话，我们马上就要见到……

花的术语

性学专家会告诉你，要想最充分地理解性的原理，你需要了解性器官和它们的位置。植物也一样。下面的内容需要用到一些不可避免的术语。幸运的是，对于开花植物，四套花器的排列方式直截了当，甚至可以说很符合直觉。它们是同轴排列的环，就像靶心周围的几个圆圈一样。如果这还不容易理解，想象一个绘

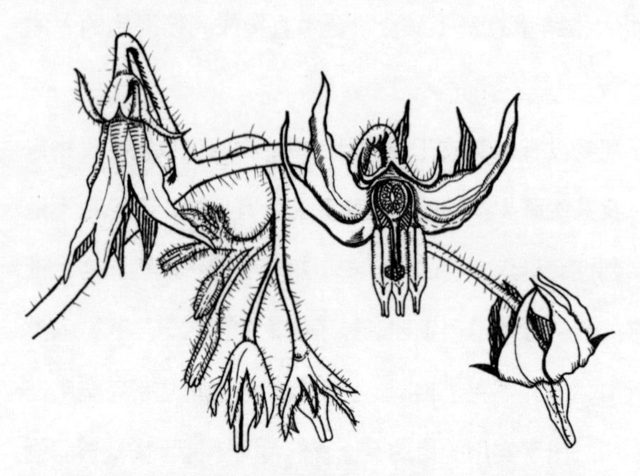

图 2.2　番茄的花。处于不同发育阶段的花连接在多毛的茎上。大部分花的萼片、花瓣和雄蕊都清晰可见。一朵成熟的花从中间纵切开，露出一部分雄蕊群和雌蕊群的内部构造，它们都着生在花被上。

有同心圆环形条带的餐盘。

018

要想了解花的基本构造，可以看看图 2.2 中的这些番茄花。让我们从这种花着生在茎上的一端开始，最后介绍距离茎最远的部位。茎端是餐盘的外缘部分，而远端是它的中心。位于最外/茎端的这群结构是一轮萼片。在大多数情况下，萼片是绿色的，外表像叶片。萼片呈绿色并与叶片相似，这个线索背后的事实是，花的所有部位都是变态叶，是进化出繁殖功能并在这个过程中改变了形态的叶。在某些情况下，萼片非常醒目，以至于难以将它们和花瓣区分开。最后，还有某些植物物种的萼片是完全缺失的。

至于番茄以及与它同属茄科的物种，萼片不但存在，而且是绿色似叶片的。实际上，萼片一直伴随着果实的生长和成熟，并在收获时常常仍然牢牢地连接在果实上，这是茄科植物的一个特征。在大多数其他科里，在果实成熟时萼片早就已经脱落了。下一次你看见番茄的近亲茄子时，留心牢牢地连接在果实茎端的五枚像叶片的绿色结构。它们是宿存萼片，所有萼片合称结出果实的这朵花的花萼。实际上，如果你找到任何一个拥有五枚牢固绿色叶状萼片的果实，那么它十有八九是茄科的物种。辣椒，有人要来点儿吗?

019

花萼里面是花的下一圈部位，花瓣。一朵花的全部花瓣称为花冠。和萼片一样，花瓣也可能是绿色并且像叶片的。但在更多的情况下，花瓣很有观赏性，有秀丽可爱的，也有耀眼夺目的；

花冠是大多数人能够识别为花的部分。某些开花植物物种没有花瓣（令人震惊！）。我们的番茄通常会产生五片醒目的黄色花瓣。与茄科植物的萼片不同，花瓣通常在果实能够收获之前很长时间就已经从植株上脱落了。

许多物种的花瓣可以食用，而且味道可能很好——不过有的物种味道一般。我自己的经验告诉我，柠檬的花瓣甜美宜人，但它的近亲橘子的花瓣吃起来是苦的。在野外采集花瓣食用是危险的，食用某些物种的花瓣会让你不舒服或者产生更糟的后果（例如翠雀属植物）。此外，明智（而且显而易见）的做法是，对于可能喷洒了杀虫剂或者使用未腐熟粪便施肥的野生植物，不要食用它的任何部位（Newman 和 O’Connor 2009）。

番茄的花呢？许多茄科物种的花都有毒；我会假设番茄花也是有毒的。我在最初的书稿里只写了这些。

020

当我的书稿带着审稿意见返回时，其中有一条来自我的编辑的评论，“但是它们有毒吗？科学论断是什么？”我的嘴角泛起一抹挫败的笑容。为了找到相关科学文献，我之前已经花了好几个小时将合适的关键词（番茄、花、毒性、食用、可口、有毒）输入科学网（Web of Science）和谷歌学术（Google Scholar）了。空手而归之后，我在谷歌上重复了这个搜索过程。我找到的所有网站都没有超出我的预料：不要吃番茄花，因为番茄近亲的花有毒。但是它们都没有列出科学文献。

我询问了一位同事，茄科进化和发育方面的专家艾米·利特

（Amy Litt）教授。她提醒我她并不是番茄方面的专家，但她猜测番茄的花也许可以吃。她还建议我去问世界上最适合回答这个问题的人，此人专门研究番茄和茄科的植物学，什么都知道。这位学者的回复是，她无法回答这个问题，也不知道有没有人做过这方面的研究。

现在我的编辑已经再次打开了番茄的魔盒。我又花了好几个小时在网上尝试了新的关键词组合。我找到了一份“番茄花”的菜谱，指导你如何将番茄的果实切成一朵花的样子。回到艾米·利特那里，她决定利用社交网络的世界。她在 Facebook 的提问吸引了大量关注和两个有用的回复：她从前的一个学生意识到，番茄的一个近亲——有时候可以吃，有时候有毒的龙葵——的花中并不含有其他某些部位含有的生物碱毒素。结论是“大概可以吃”。另一个趣闻逸事式的回复来自某个朋友，她的男朋友年轻的时候吃过番茄花。

在等待艾米的社交媒体发挥魔力的同时，我问了身边的更多人。我在校园里随机询问了好几个其他植物科学家。“很可能有毒。”他们都这么说。我向两位经验丰富的美食大厨征求意见，他们恰好都是我的朋友。他们给出了几乎相同的回应：“诺曼，你应该知道，番茄属于一个以有毒物种著称的科。”我甚至问了一家种植、包装和销售番茄的公司的老板。她的回应：“既然可以吃果实，为什么会有人想吃番茄的花呢？”

我不再感到挫败，因为我可以用这段经历展示科学的现实。

科学家并非无所不知。更重要的是，面对答案似乎显而易见的问题，他们甚至都没有去做回答这个问题所必要的研究。

“科学论断是什么？”陪审团还没有回来，实际上陪审团连证词都还没有听呢！

花萼和花冠共同构成了花被。在茄科中，花瓣和萼片很容易区分。但是对于其他植物例如百合，萼片和花瓣看起来差不多，通常由三枚艳丽的花瓣和三枚艳丽的萼片构成六片花被。当你在中国菜肴里吃到黄花菜（又称“金针菜”）时，你吃的主要是花被。虽然花被在植物学上被认为是一套繁殖器官，而且常常很漂亮，但这些部位最多只能算性的广告——衣服和化妆品。花被里面的两轮器官才是花中真正与性相关的部分。

和大多数植物一样，番茄的花同时拥有雄性部分和雌性部分。植物学家对创造术语有着近乎狂热的爱好，你将很快明白这一点。我来充当你的过滤器，只介绍刚好足够你使用以及偶尔很有趣的术语（为我做的所有过滤工作感恩吧）。同时拥有雄性和雌性部位的花称为双性花或两性花。这种花的第三个植物学名称非常好记：完全花。

花冠之内是雄性部位，一轮雄蕊。雄蕊通常由两个结构组成，释放花粉的部位称为花药，着生在梗状的花丝上。花丝大小不一，有的较长，有的不显眼。雄蕊——花中与雄性功能有关的结构——合称雄蕊群（androecium，前缀 andr- 加上源自希腊语单词 oikion 的 oecium，意思大概相当于“男人的房子”）。取决于物种，一朵花可能只有一枚雄蕊，也可能拥有一百枚或者更多雄蕊。同样在物种或个体之间表现出差异性的是，某些花是雄性不育的，压根就没有雄蕊。一些物种同时拥有可育雄蕊和不可育雄蕊，后者发育成有吸引力的结构，称为退化雄蕊。野玫瑰有五片花瓣和大量雄蕊。但是如果你收到来自恋人的玫瑰[①]，你会发现每朵花的花瓣数量远远多于五片，这是因为玫瑰育种者已经在遗传上“改良”了这些玫瑰，他们的具体做法是选择那些一部分雄蕊已经演化成退化雄蕊的类型，这些退化雄蕊与花瓣极为相似。（注意：这里不涉及基因工程）。

番茄花的雄蕊都能正常发挥功能。五枚雄蕊的形状和颜色都像香蕉。它们彼此融合，构成一个环绕雌性器官的圆柱体。番茄的花丝很短，几乎看不出来。

被雄蕊群环绕在里面的是花的靶心。雌蕊群（gynoecium，“女人的房子”）又称雌蕊（pistil）。[植物学笑话：为什么外出搜集材料的野外植物学家不会被盗匪骚扰？因为他们带着雌蕊（拉里 · 维纳布尔，个人交流）][②]，雌蕊群行使花的雌性功能。和雄蕊群一样，它是由一个或多个部分构成的；在雌蕊中，这个部分是

---

① 包括此处在内，本书所说的大部分“玫瑰”其实是用作切花的杂种香水月季。按照普遍采用的植物学分类系统，玫瑰是另一个主要用于生产精油的单瓣原始物种。本书采用由来已久的通俗译法，将未指明的蔷薇属物种全部译为玫瑰，以免造成混乱。——译注

② 在英语中，“雌蕊”（pistil）和“手枪”（pistol）发音相近。——译注

心皮。雌蕊的形状常常形似花瓶，有较长的颈和喇叭状的顶端。心皮接受花粉的部位通常是喇叭状顶端的表面，称为柱头。在美食的世界，最著名的柱头是从番红花（*Crocus sativus*）的雌蕊中伸出的三根细长的丝状柱头。手工采摘并干制后，它们就成了名为藏红花的香料，是制作巴伦西亚大锅饭必不可少的食材。高级藏红花据说是按重量计算的最昂贵的食材。我对比了它和白银的今日价格（2017 年 12 月 1 日）：一盎司零售高品质藏红花可以换大约十六盎司白银或者五分之一盎司黄金。

抵达柱头的花粉粒萌发并长出一根管子，这根花粉管向下延伸，穿过心皮较长的颈状部位（花柱）（同时采摘番红花的柱头和花柱比只采摘柱头容易得多，但是得到的藏红花品质较低）。花粉管最终进入雌蕊群庞大的底部，子房。在那里，一个或多个卵细胞正在等着被花粉管运来的精细胞授精。授精结束，种子开始发育，之后受精心皮随之发育，形成容纳植物卵子的容器，即果实。许多果实由单个心皮发育而来，例如牛油果、樱桃和豆荚。但大多数果实是两个或更多受精心皮融合在一起形成的。

024

番茄属于后者。番茄的花瓶状绿色雌蕊群是两枚合生心皮构成的单个器官，被雄蕊圆柱体环绕。如果你将一个成熟番茄横切，果实中的胚胎内陷会让这些心皮有点难以辨认。看看这本书卷首插画上的那张番茄横切图。你会认出那面将果实一分为二、分开两个心皮的厚壁。在柑橘类果实中，心皮非常明显，我们通常称之为“瓣”。试试横切一个橙子，看看你能不能数出十个左右心皮。一朵花发育出多个不融合的心皮，这种情况在开花植物中很罕见。不过其中的一些被我们当作食物来源。例如一颗树莓就是由一朵花发育出的，但它是一簇聚在一起的小果，每粒小果都是由一个心皮发育出的。

表 2.1 花器的四种类型

单个花器结构的名称（从花的基部开始）	番茄花中每种结构的数量	花器结构的合称	是否行使性功能
萼片	5	花萼	不，不育
花瓣	5	花冠	不，不育
雄蕊	5	雄蕊群	是，雄性
心皮	2	雌蕊群（雌蕊）	是，雌性

虽然美国最高法院判定番茄是蔬菜（Jones 2008），但几乎每个人都知道它们实际上是果实。[①] 相反，某些通常所说的“水果”其实并不是果实。我们所说的“草莓”，超过 90% 的部分是由不属于花的结构发育而来的。草莓花受精后发育出的这个鲜红、甜美、多汁的部分是毗邻花萼的茎的末梢。按照植物学定义，草莓植株的果实是我们通常称为草莓籽的棕色的小东西。是的，这些又小又硬的果实每个里面都有一粒种子，而且每个果实都是由草莓花中的一个独立心皮发育出来的。

① 在英语中，果实和水果都是同一个词，fruit。——译注

按照数字分类的性

现代植物学之父卡尔·林奈（Carolus Linnaeus）思考性的时间比 17 世纪的任何其他植物学家都多。他仔细思考了与性有关的花器的数量（“她爱我，她不爱我……”）。这位瑞典人注意到，对于其他特征相同的植物物种，萼片、花瓣、雄蕊和心皮的数量也极为相似。他将这种模式作为对繁杂多样的植物界进行分类的钥匙。

典型的番茄花拥有五枚萼片、五枚花瓣、五个雄蕊和两个心皮。这个 5-5-5-2 的花程式适用于其他很多和番茄相似的食用植物的花：茄子、黏果酸浆（tomatillo）、树番茄（tamarillo）、枸杞、马铃薯，等等。番茄和茄子的这个花程式同样属于矮牵牛、龙葵、颠茄、烟草、曼陀罗草，以及数千个其他物种，林奈将它们全部归入同一个科。生物学入门课程教过我们，林奈发明了命名物种的双名法，这种命名法同时适用于动物和植物。番茄的拉丁学名是 *Solanum lycopersicum*, *Solanum* 是属名（茄属），*lycopersicum* 是种加词，两个名字合起来就能确定番茄这个物种。不过重要性远甚于此的是他观察到的植物性部位数量的共性。这些观察结果让他着手进行震动学术界的物种整理工作，将纷繁多样的物种分成了众多等级类群。这项庞大的工作先后在植物界和动物界完成。若干物种被归入某个属。若干个属被归入某个科。

一开始，林奈将花程式作为将植物分配到各个科的主要工具。番茄所属的科是茄科（solanaceae）。使用 5-5-5-2 这个花程式以及一或两个其他特征例如彼此合生的宿存苞片，很容易认出属于茄科的植物。除了花和果实的特征，数千个茄科物种还拥有其他共性，特别是所有茄科植物都有含量不一、种类各异的生物碱。它们是一类特殊的化合物，包括烟草中的尼古丁、赋予辣椒辣味的辣椒素，以及令龙葵和颠茄具有毒性和药用价值的化学物质。虽然生物碱是茄科物种共同所有的特征，但其他科的某些物种也会制造著名的生物碱，例如咖啡因和可可碱。

性的多样性

现在我们已经认识了和性有关的部位，接下来让我们看看植物会用这些部位做些什么：植物的性表现是一个令人眼花缭乱的多样化的世界。如前文所述，包括我们食用的物种在内，大多数开花植物拥有（可行使两性功能的）完全花，可以自交受精。但就算是自交受精，也不像听上去那么简单。许多自交受精植物能够以两种不同的方式完成自交受精。

可以用我们的番茄解释这一点。一朵番茄花可以为自身授粉和受精。同一棵植株上的不同花也可以彼此成功交配。在自交可育植物中，两种方式会得到同样的结果，后代的母本和父本是同一株个体。至于番茄，这个过程必须要有外部媒介（授粉者）的参与。

在野外，番茄的野生祖先是自交不育的，需要某种昆虫（通常是某些蜂类物种）在不同的植物之间传递花粉。花粉脱离花药的过程需要昆虫对花朵进行机械振动，这个过程被称为“嗡嗡授粉”（buzz pollination）。花粉粒从花药中冒出来的方式就像挤牙膏一样。想要得到形状漂亮的果实，番茄花仍然需要这种授粉方式。当田野中的野生蜂类数量充足时，授粉不是问题。但是冬天在温室里种植的番茄呢？农民可以找一些熊蜂完成这项工作，或者（我可没有瞎编）使用电动振动器（Jones 2008）。我得多说一句，这种振动器是专门为番茄设计的。

在不同的植物物种中，自交受精得到的种子和与其他个体交配（杂交）得到的种子的比例差异巨大。大多数被子植物是自交可育的，但很多物种为了杂交使尽浑身解数（Richards 1997）。虽然大多数植物物种有自交受精的机会，但绝大多数自交可育物种都有鼓励植株间交配的机制。植株间的浪漫最流行。自交水平高的物种是少数。无论是在植物界还是在动物界，百分之百的自交几乎闻所未闻。查尔斯·达尔文（1885）简洁有力地陈述了他的观察结果，自然“憎恶永久性自交受精”。关于这种现象，达尔文（1876b）写了一本完整的书：《杂交和自交受精在植物界中的效果》（*The Effects of Cross and Self Fertilisation in the Vegetable Kingdom*）。
028
他不但对植物的性感兴趣，还关心那些为我们制造食物的物种的进化——见《动物和植物在驯化下的变异》（*The Variation of Animals and Plants under Domestication*）（Darwin 1868）。

我们最重要的食用植物违反了中高杂交水平这一常见趋势。在全世界的十大作物中，除了玉米之外，其他所有作物都通过自交受精制造超过一半的种子，而且对于过半物种而言，超过95% 的种子来自自交：小麦、水稻、大豆、大麦、珍珠稷（pearl millet），以及豆子（Andersson and de Vicente 2010）。许多其他食用植物也一样，包括我们喜爱的番茄，以及豇豆、鹰嘴豆和花生。许多其他食用植物被认为是“混合交配”类型，杂交率中等（10%—90%）。牛油果、油菜和高粱都属于这种既有杂交种子也有自交种子的食用植物。

虽然 100% 的自交在植物界极为罕见，但 100% 的杂交却不罕见。根据达尔文的观察，第二种最常见的植物繁育系统——自交不亲和——起到防止植物自交的作用。这些植物必须杂交才能产生种子。自交不亲和植物通常拥有完全花，但是如果一颗花粉粒落在制造它的同一朵花的柱头上，自交受精的过程会在生理上受到阻碍，而且同一棵植株上的其他花都会阻碍这颗花粉粒授精。对于某些自交不亲和作物，例如萝卜和黑麦，花粉粒甚至无法在自交不亲和的柱头上萌发。对于其他自交不亲和物种，自身制造的花粉粒会在柱头上萌发并将花粉管伸入花柱，但是会在花粉管距离卵子还比较远时就停止生长［例如某些柑橘类植物（Kahn 和 DeMason 1986）］。自交不亲和性仍然留出了大量交配机会。它最常见的形式允许植株和本地种群中的几乎每株个体交配，只有它本身以及某些亲缘关系极为接近的个体除外

（Richards 1997）。

其个体不能与自身交配的物种称为强制（100%）杂交植物。由于自交不亲和性，除了前面提到的黑麦和萝卜，扁桃树和卷心菜也是强制杂交作物，这样的作物还有很多。不过与自然界中的野生物种相比，自交不亲和的食用作物相对少见。我们的许多自交可育食用作物是由自交不亲和的祖先驯化而来的，它们在驯化过程中积累了自交亲和的基因。性感的番茄是自交可育的，但它拥有自交不亲和的野生祖先；栽培水稻及其祖先也是如此（Rick 1988）。

自交不亲和不是强制杂交的唯一机制。某些物种的个体只能表达一种性别的繁殖功能。这听上去是不是很熟悉？当然，这是我们的繁殖机制。除了哺乳动物、爬行动物和鱼类，彼此独立的两性在鸟类和蜂类中也很常见，这种现象在植物中称为雌雄异株（dioecy；di- = 两个，oecy = 房子）。在雌雄异株的物种中，所有植物只制造“不完全的”单性花。部分植株只表达雌性功能；所有其他植株都制造只表达雄性功能的花（见表 2.2）。换句话说，种群由功能上的雄性个体和功能上的雌性个体构成。在开花植物中，真正的雌雄异株物种很少，占全部物种的大约 5%（Renner 2014）。这种繁育系统出现在种类多样的食用植物中。枣椰树有雄树和雌树。猕猴桃、桑树和芦笋也是雌雄异株物种。同属雌雄异株植物的还有蛇麻（hops）以及和它亲缘关系很近的大麻。在商店里买到的草莓是开完全花的植物生产出来的，但它的野生祖先（也可以食用）是雌雄异株。

表 2.2 花的性表现有四种方式

行使性功能的部位	花的类型
雄性和雌性	完全花，即双性花，两性花
仅雄性	雄花，即雄蕊花，雌性不育花
仅雌性	雌花，即雌蕊花，雄性不育花
没有行使性功能的部位	不育花

现在来点儿更狂野的。按照任何标准，玉米都是世界三大作物之一。大多数美国人都熟悉玉米植株的样子。玉米有一根粗壮的茎秆，顶端长着一个缨状花序，茎秆上的叶片呈长带形，一些叶片的基部长出果穗。顶端缨状花序中的不完全花是雄花；从叶片基部的果穗里长出来并且带有“细丝”（长长的柱头）的不完全花是雌花。

两种单性花生长在相同的个体上，这种现象叫雌雄同株。在植物中，雌雄同株（monoecy，“一座房子”）比雌雄异株常见得多。和雌雄异株一样，雌雄同株物种的个体从不产生完全花。但是和雌雄异株不同的是，雌雄同株物种的所有植株都是同一种类型，同一棵植株上既有雄花也有雌花。雌雄同株植物是双性的，但它们与被子植物中常见得多的两性花植物不同，后者的所有植株虽然也只有一种类型，但是雄性功能和雌性功能共存于完全花中。

玉米是最重要的雌雄同株植物。一个世纪前，研究玉米的专家以为它是靠重力授粉的，也就是说，花粉从雄花序落到细丝上，导致自交受精，这种误解一直持续到现代（Pollan 2006）。

但是刚一出现能够在玉米种子中检测杂交的分子遗传分析技术，遗传学家就发现玉米就像自然一样憎恶高水平的自交。虽然玉米拥有自交亲和性，但它的杂交水平超过95%（Bijlsma，Allard 和 Kahler 1986）。

葫芦科有很多雌雄同株的食用植物。下一次你吃有奶酪馅的炸南瓜花时，就会知道这朵花可能是雄花，也可能是雌花（最有可能是雌花），但不可能同时有两种性别。南瓜藤上开的第一批花是雄花；植株必须长到某个关键尺寸，才会开始开雌花。

你会注意到，如果雄花和雌花生长在植株上距离较远的不同部位，自交受精就会困难得多。植物学家（一如既往地喜欢创造术语）将性表达的这种空间隔离称为“雌雄异位”（herkogamy，“Herk”？）。除了空间上的隔离之外，植物还可以在时间上隔离它们的两性功能。

植物的性表达在时间上的隔离称为“雌雄异熟”（dichogamy 发音是 dye-COG-a-mee，可不是 DICK-o-gam-y[①]。首先表达雄性的雌雄异熟——例如在南瓜及其近缘物种中——称为雄蕊先熟（protandry，字面意思是“雄性优先”）。首先表达雌性的雌雄异熟［雌蕊先熟（protogyny）］在植物界罕见得多。因此，葫芦科物种的雌雄同株不但是雌雄异位（雄花主要生长在较老的藤蔓上），而且还是表现在整株上的雌雄异熟（先开雄花，再开雌

---

① DICK 是英语中对男性生殖器的俗称。——译注

花）。你还会用同样的眼光看待腌黄瓜吗？

对于雌雄同株的葫芦科物种，雌雄异熟是表现在整株上的现象。对于其他科的某些拥有完全花的物种，它们的花本身就可以是雌雄异熟的，先表现一种性功能，再表达另外一种，我们将在下文看到这种现象。第 4 章主要探讨一种拥有这种雌蕊先熟模式的食用植物。

是的，完全花也可以是雌雄异位的。下次当你切开一沓荞麦薄煎饼时，为这一餐，感谢花内的雌雄异位吧。荞麦这个物种包括两种不同种类的雌雄异位植株，它们的不同之处在于着生花粉的部位和接受花粉的部位在一朵花内的空间隔离方式。这两种植株都有完全花。一种植株的花拥有花柱较长的雌蕊和较短的雄蕊；另一种植株的花雌蕊花柱短，被较长的雄蕊所遮蔽。

这种“花柱异长”（heterostylous）物种是达尔文（1876a）钟爱的研究对象，他在自己的书《同一植物物种的不同花形态》（*The Different Forms of Flowers on Plants of the Same Species*）中描述了它们的性质。你已经知道另外两类花朵拥有不同形态的植物物种了（雌雄异株物种和雌雄同株物种，对吧？）。与花柱异长物种钥匙和锁般精巧复杂的性比起来，雌雄同株和雌雄异株就是小儿科。花柱异长的工作原理如下：包括荞麦在内，在大多数花柱异长物种中，长花柱植株拥有一种自交不亲和性，不但阻止自交受精，还阻止与任何其他长花柱植株的成功受精；同样地，短花柱植株不能自交受精，也不能与相同形态的其他植株成功交配。长花柱植株可以成功接纳短花柱植株的花粉或者为其授粉，反之亦然。需要在这里说清楚：花柱异长物种的植株分为两种形态，但它们不是雄性植株和雌性植株，因为两种植株的花中都有正常行使功能的雄性和雌性部位。

花柱异长是一种罕见的植物交配系统，集中于少数植物科，已知存在于数百个物种中。除了荞麦，我只知道另外一种花柱异长的食用植物，块茎酢浆草（oca），印加文明第二重要的主食作物（仅次于马铃薯）。块茎酢浆草至今仍是南美洲高海拔地区的重要作物，现在还是墨西哥和新西兰的栽培商品。这种块茎作物的植物有三种类型：长花柱，中花柱和短花柱——每种类型内部不亲和，但与另外两种类型是亲和的。块茎酢浆草的三形态花柱异长被命名为三型花柱，区别于出现在荞麦中的更常见的两型花柱。

现在你已经知道了绝大多数食用植物的基础性知识。但你只是达到了中等水平。花柱异长相当于植物性系统高级阶段的入门。我的书，你的注意力，以及我们彼此的理智将紧密合作，详细探讨每一种复杂的植物交配方式。

使用你在前面几页积累的工具，现在你已经能够更加深入探索其他十几种植物性表达的不同模式。这里有一份不完全目录：雌全异株（gynodioecy）、异型雌雄异熟（heterodichogamy）、单全异株（trioecy）、亚雌雄异株（polygamodioecy）、闭花受精（cleistogamy）、雄全同株（andromonoecy）、永久奇数多倍体（permanent odd polyploidy），以及镜像花柱（enantiostyly）。表 2.3 解释了其中的一些模式。全面详细地讲清楚这些模式需要再写一本书。意犹未尽的读者会惊喜地发现的确有这样一本书：A. J. 理查兹（A. J. Richards）的《植物繁育系统》（*Plant Breeding Systems*，1997）。

表 2.3 开花植物性模式的代表类型

花的类型在个体间的分布	名称	食用植物的例子	说明
所有个体只开完全（双性）花	两性同体	番茄	在食用植物中最常见
所有个体同时拥有雄性和雌性单性花，但没有完全花	雌雄同株	玉米	与蚯蚓、许多贝类以及其他一些动物物种类似
所有个体同时拥有完全花和雌花	雌全同株	葵花	
所有个体同时拥有完全花和雄花	雄全同株	胡萝卜	
两种个体：一些个体只开雄花；其他个体只开雌花	雌雄异株	枣椰树	与人类、鸟类、哺乳动物、大部分昆虫以及许多其他动物物种类似
两种个体：一些个体只开完全花；其他个体只开雌花；或者某些个体同时拥有雄花和雌花，其他个体只开雌花	雌全异株	百里香	
两种个体：一些个体只开完全花；其他个体只开雄花；或者某些个体同时拥有雄花和雌花，其他个体只开雄花	雄全异株	无	在植物和动物中都极其少见

035

授粉机制

我们已经初步探讨了植物如何将花药上的花粉转移到受体柱头上。让我们继续深入，这一次使用最简单的例子：自交受精水平很高的植物，通常其杂交率为 5% 或更低。自交授粉程度高的植物，其雄蕊和柱头离得足够近，让花粉能够在花里直接掉落在柱头上，从而在花蕾阶段或者刚刚开花时实现授粉。

对于其他一些自交可育但仍然会杂交的物种，它们有延迟自交的机会。雄性部位和雌性部位一开始距离较远，但是在开花之后慢慢膨大或者改变形状，最终在开花数小时或数天之内产生接触。如果授粉此时还未发生，这朵花可以自交授粉。植物繁殖生态学家认为这种延迟自交是“受精保险”，以防植株没有得到来自其他配偶的花粉。然而其他自交可育植物（例如番茄）需要帮助才能自交，例如风或者碰到花的动物。

到目前为止，我们只考虑了发生在一朵花内部的自交受精，称为自花受精（autogamy）。自交亲和植物的自体交配还有第二种选择。如果观察你的番茄植株，你可能会看到一只蜜蜂在同一棵植株上的不同花朵之间流连。因为番茄是自交亲和植物，所以这只蜜蜂有可能成功地为这些花完成授粉。不同花之间的自交授粉也有一个术语：同株异花授粉（geitonogamy）。取决于物种，风或者动物可以完成这项任务。

036

风和动物还可以是杂交的媒介。比例极小的开花植物依靠水在不同花朵之间传递花粉。其他几种花粉传递机制仍然是推测性的。例如，降雨帮助黑胡椒花受精的假说还有争议（Cox 1988）。在为我们制造食物的植物中，其他花粉携带因素的影响微乎其微。

“禾草有花”是高中生物学课程最令人吃惊的知识点。这太不对劲了！我那位生物医药科学家岳父听到他的植物学家女儿告诉自己这个秘密时，他也是这种反应。事实是禾草确实有花，但这些花很小。

禾草是禾本科（poaceae）植物，它们以谷物的形式为人类贡献了大部分卡路里。在全世界的五大作物中，四种都是禾草：玉米、小麦、水稻和大麦。一些禾本科食用物种是专门为了收获谷粒之外的部分种植的，例如甘蔗的茎秆。

动物授粉在禾草中几乎没有已知案例。有些谷物物种基本上通过自交制造种子：小麦，燕麦，大麦。有些物种既有自交授粉，也有风媒授粉，例如高粱（Ellstrand and Foster 1983）。自交不亲和的黑麦是一种 100% 的风媒授粉谷物。风媒授粉（anemophily）——“风之爱”需要植株制造大量有浮力的微小花粉粒。毕竟风并不怎么关心这些花粉粒会落在什么地方。一棵植株在一个授粉季制造数百万颗花粉粒也不是什么稀奇事。一棵核桃树会将超过十亿颗花粉粒释放到空气中（Molina 等 1996）。很显然，绝大部分都不知所踪，孤零零地死掉了。少数幸运儿落在受体柱头上。如果你有机会遇到雄花序正在释放花粉的玉米植株——就在露水刚刚消失之后，帮它个忙。用手指敲一下茎秆，看看腾起的花粉云。祝这些家伙好运吧。

在禾本科之外，也有一些食用植物依靠风媒授粉制造至少一部分种子和果实。葡萄是其中之一，它既是自交授粉，也是风媒授粉。风媒授粉的食用植物种类多样，包括甜菜、菠菜、蛇麻和榛子等。桑树满怀热情地接受风媒授粉；它们爆发性地释放自己的花粉——速度超过声速的一半（Taylor 等 2006）。

从鸟类和蜂类到数千个其他昆虫物种，动物授粉者的种类非常多样。同样地，会飞的哺乳动物蝙蝠和几种不会飞的哺乳动物——从澳大利亚的袋貂到马达加斯加的狐猴——也会帮助植物授粉。通过动物作为授粉媒介的植物通常同时提供广告和报酬。广告可以是视觉的（硕大鲜艳的花朵）或嗅觉的（气味），抑或兼而有之。玫瑰和紫罗兰风味最近在高级冰激凌和糖果中非常走红。这些风味是从这两种植物用来引诱授粉者的香水中提取的。如果你不想如此有异国情调，可以试试用橙花蜜、荞麦蜜和苜蓿蜜体验一下植物释放的气味。花蜜被蜜蜂加工之后转化成的蜂蜜常常会保持花朵的气味。如果你逐个品尝它们，会发现橙花蜜和荞麦蜜是如此不同，仿佛它们是完全不同的食物。

报酬的形式通常是富含糖分的花蜜、富含蛋白质的花粉，或都有。在更少见的情况下，花向授粉者提供油脂作为报酬，但这种方式在为我们生产食物的植物中并不突出。对于食用植物，动物授粉者几乎全都是昆虫。蜜蜂是开花植物最著名的授粉者，从扁桃树到紫花苜蓿，都依赖蜜蜂结果。但是对于某些作物，蜜蜂的授粉效率不如其他昆虫，或者甚至根本无效。番荔枝科拥有一系列重要的热带和亚热带水果，例如毛叶番荔枝（cherimoya）和番荔枝（sueetsop），对于该科的大多数物种，甲虫是优秀的授粉者。某些无花果品种需要体型微小的特殊榕小蜂完成授粉。哺乳动物授粉对于一种重要的商业食用植物特别关键：枣椰树，如果没有人类将花粉从雄枣椰树转移到雌树上，结实数量几乎可以忽略不计。

有些物种能够利用所有三种常见模式完成授粉：自交受精，风，以及动物。开黄花的油菜植株［它们制造的产品包括菜籽油（canolaal）］在性方面来者不拒，尤其风流。它们可以自花授粉，通过风接受花粉，还接受来自蜜蜂、苍蝇、蝴蝶、蛾子和其他昆虫的花粉。对于油菜，所有三种类型的授粉都能成功受精。

无性繁殖的丑陋面目

花构造，花蜜，雌雄异熟，自交不亲和。很显然，开花植物常常不遗余力地保证自己参与到风流韵事中去。这是有道理的，不是吗？毕竟，没有性就没有繁殖，对吧？并非如此。是时候分享一个秘密和一个重大谜团了。秘密：虽然绝大多数开花植物物种能够进行有性繁殖，但是很多（很有可能是大多数）被子

039

植物不需要性的参与也能繁殖，称为无性繁殖，又称无融合生殖（apomixis；apo = 没有，mixis = 混合）。谜团：为什么要有性？

别搞错。无性繁殖和自交受精不是一回事。自交需要制造配子——卵子和精子——以及它们的融合受精。每个配子都是亲本基因的子样品。在自交受精中，得到后代的基因型可能与亲本相似，但远远谈不上相同。自交受精是性。

那么到底性是什么？性是产生遗传变异的一种过程。大多数读者将会意识到，对于人类而言，性与繁殖过程紧密相连：

“哇哦，她有她妈妈的鼻子和眼睛！”

“是啊，不过她有她爸爸的耳朵。”

“你觉得她会像她妈妈那样精通三角学（trigoncmetry）吗？”

“很难说，但让我们希望她会像她爸爸一样精于烧烤吧。”

人类遗传的基本规律很直白。作为性的产物，儿童与每个亲本都有一些共同之处，但绝不可能与某个亲本完全相同。来自每个亲本的部分遗传信息被混合起来，传递给下一代。遗传学家将这种混合称为重组，简单地说，这就是性。性的科学定义（取决于你选择的是哪种科学——在这里，选择的是各种以遗传为中心的科学，包括进化生物学、群体遗传学、植物育种学，等等）是

040

生物体与生物体之间的互相作用，导致遗传材料的某种混合，制造出一或多个在遗传上与起源不同的生物体（注意：繁殖不是性的定义的一部分。但是让我们等到第 6 章再回顾这个令人吃惊的事实）。至于人类的性，生物体与生物体之间的相互作用就是两

个单细胞配子——一个卵子和一个精子——的融合，创造出一个拥有新基因型的合子。和这个过程基本相同的生物包括狮子、老虎、熊和食用植物。至于自交受精，无论实施者是一棵番茄还是一只香蕉蛞蝓（banana slug），卵子和精子都由同一个体制造；生物体与它自身相互作用。

配子的制造会从亲本基因库中提取出不同的样本。每个个体拥有成千上万个基因，发生融合的两个配子拥有从这些基因中随机提取的两份样本，从统计学上看，它们彼此不同，而且与该个体产生的其他配子也不同。正如弗雷德·罗杰斯（著名儿童电视节目《罗杰斯先生的邻居》主持人）所说，每个孩子都是独一无二的，无论来自自交还是杂交。

无性繁殖的后代就不是这样了。无性后代就像复印件一样，与它的母亲一模一样。无性繁殖不需要父亲。产生的后代是克隆，对亲本的基因复制。在植物中，无融合生殖通过两种方法之一进行。

一些物种能够进行营养繁殖，不依赖花、果实或种子。此类物种大多数有性生活并用种子繁殖。草莓植株可以通过名为匍匐枝的地上茎扩张并制造新植株。如果匍匐茎被切断或者腐坏，剩下的各部分就变成了单独的个体。实际上这正是我们繁殖草莓的方式。我们称之为马铃薯的块茎是一种地下茎，可以制造新的块茎和新的植株。众所周知，从马铃薯上切下来并且至少有一个“眼”的小块就能种出一棵新的植株。仙人掌果的植株——如果没有被削皮、烹熟和吃掉的话——也可以用同样的方式处理。克隆繁殖是许多全世界最重要的多年生作物的标准繁殖方法：除了草莓、仙人掌果和马铃薯之外，还包括甘蔗、香蕉、木薯、大蕉（plan tain）和番薯。

有的物种用种子制造无融合后代。它们并不首先制造拥有母本植株一半遗传材料的卵细胞并等待精子的到来，而是制造拥有母本全部遗传材料的无性种子，这粒种子会长成与母本的基因完全相同的个体。谦卑的蒲公英有时会离开草坪，进入沙拉和葡萄酒，它是科学家眼中无融合种子的典范。你院子里的蒲公英制造的种子是它们母本的复制品。

对于柑橘（citrus）类果树物种，情况就没有这么简单了。某些品种遵循蒲公英模式，使用无性繁殖制造所有或者几乎所有种子，例如瓦伦西亚橙（Valencia orange）、马叙葡萄柚（Marsh grapefruit），以及丹西橘子（Dancy mandarin）。相比之下，另一个柑橘类物种柚子的栽培品种的种子全部是杂交产生的。其他种类如墨西哥来檬（Mexican lime）和尤里卡柠檬（Eureka lemon）则同时制造有性（包括自交和杂交）和无性后代。柑橘类果树自身无法进行营养繁殖，但人类可以帮助它们做到这一点。通过将芽嫁接到砧木上，加利福尼亚人已经让结华盛顿脐橙的几百万棵果树的数量翻了四番——它们的祖先全都是 1873 年运到加州里弗赛德市的三棵带芽果树。

在植物中，大部分能够进行无性繁殖的物种都将有性繁殖作为一种选择，在大多数情况下有性繁殖常常是受到偏爱的选择。无性繁殖的发育途径可以很简单，就像直接从母体中剥离出一个新的个体一样简单。有性繁殖就无法如此简单了，尤其是杂交。

不过就连高度自交的番茄也会开鲜艳的黄色花，制造比自交授粉的需要多得多的花粉。考虑到植物必须使尽浑身解数才能进行有性繁殖，我们就回到了“为什么要有性”的谜团——或者更准确地说：“为什么会存在性这种如此麻烦的方式？”要回答这个问题，我们需要在第3章对一种果实又长又硬的作物仔细研究一番，它的一生都没有性。

食谱：甜美的情人节布丁

虽然托马斯·杰斐逊种植番茄并在餐桌上享用它们，但大多数早期美国人都对番茄抱有疑虑。据说勇敢的罗伯特·吉本·约翰逊在1820年改变了历史的进程，他宣布自己将在新泽西州塞勒姆县政府大楼的台阶上吃番茄（Rick 1978）。当期待观摩一场当众自杀的人群来到现场时，我猜他们反应各异，有人失望，有人困惑，还有人十分兴奋。无论如何，美国人因为他的勇敢得到了好处。“从比萨到血腥玛丽”（Rick 1978），美国人已经完全接纳了这位拉美移民。

番茄布丁甜蜜美味，是一道适合所有场合的节日菜肴。和番茄一样，我的番茄布丁菜谱也拥有漫长曲折的历史。就我所知，这张菜谱诞生于罗伯特·吉本·约翰逊的公开试验结束大约十年之后，起源地是美国东南部的某个地方。

20世纪60年代，我的岳母朱迪斯·卡恩（Judith Kahn）每年都会光顾密歇根大学校友营（University of Michigan Alumni Camp）附近的一家酒店餐厅，享用这种番茄味浓郁的配菜。她最后要到了菜谱。她将这道布丁用作味觉上的平衡，搭配感恩节晚餐的节日肉菜。我对菜谱进行了调整，突出番茄的味道（也就是减弱按照1960年代传统配方做出来的热量爆棚的甜点似的口味）。当你把它做出来并尽情享用时，别忘了这种爱情果在面临不利的有毒名声时获得的胜利。

043

10盎司番茄泥

1/2杯水

1/2杯压实的红糖

1茶匙盐

1汤匙糖蜜

2杯优质干面包丁

1/2杯融化的黄油

配菜，4~6人份。

将烤箱预热到约204℃。将水、红糖、糖蜜、番茄泥和盐加入炖锅，煮沸。加热这些东西时，在一夸脱烤箱用砂锅中铺一层面包丁，再覆盖一层融化的黄油。将煮沸的混合物倒在黄油面包丁上。烘烤45分钟。趁热食用。适合搭配烤火鸡、火腿、羊羔肉或印尼豆豉。可以将食材分量加倍，吃不完的剩菜留到第二顿吃，味道也不错。

3

香蕉：

无性的一生

对！我们没有香蕉……

——歌词，弗兰克·西尔弗（Frank Silver）和欧文·科恩（Irving Cohn）1922 年作

045

香蕉可以说是全世界最性感的水果，在这本 PG-13 级的书里，这个结论几乎是不言而喻的。香蕉还赢得了其他“世界之最”的称号。丹·克佩尔（Dan Koeppel，2008）将香蕉称为“全世界最谦逊的水果”。这和奇基塔公司网站（www.chiquita.com）上的说法大相径庭，该网站宣称香蕉“很可能是全世界最完美的食物”。谁说不是呢？没有多少食物自带生物降解包装，而且打开包装就能吃。有营养吗？那是当然。一根香蕉能为你提供 10% 以上的每日所需钾、纤维素、维生素 C 和锰，以及 20% 以上的维生素

B6——基本上不含脂肪、胆固醇或钠。

香蕉是全世界最重要的鲜果作物，产值远超柑橘类、葡萄和苹果。此外，这个统计数字只涉及香蕉，不包括它的近亲——供人烹饪食用、富含淀粉的大蕉（plantain）。葡萄的种植面积和产量比香蕉大得多，但是将制作果汁、葡萄酒和葡萄干的葡萄扣除之后，作为鲜果食用的葡萄只占很小的比例。在全球种植面积方面，苹果与香蕉接近，但是同样有很大一部分苹果被榨成果汁，而且常常制作成浓缩苹果汁，最终加入名字里压根没有“苹果”一词的饮料里。去超市拿起一盒名字里带树莓甚至葡萄的“饮料”，然后看看配料表，你会吃惊的。

只有比例很小的香蕉被制作成加工食品，例如婴儿辅食或干香蕉片。一些香蕉像它们的堂兄弟大蕉一样被烹饪食用。在东非，一些香蕉会被酿成啤酒。但是在鲜果中，香蕉是绝对的主角。虽然热带国家种植的香蕉很多都在本国消耗掉了，例如巴西、印度和非洲部分国家，但仍然有相当巨大的产量是作为鲜果出口到发达国家的。如今，欧盟、美国和俄罗斯是进口量最大的经济体。出口量最大的是厄瓜多尔，紧随其后的是菲律宾、危地马拉、哥斯达黎加和哥伦比亚。

（请允许我暂且离题，提出一个关于农业/食品统计数据的建议：我是从哪里得到这些作物种植面积和贸易数据的呢？如果你想要知道与小麦、奶酪、酥油、蛇麻、骡子、香蕉、森林树木、金钱、人口、糖蜜、巴拉圭茶或者温室气体有关的某个国家

047

生产、加工，或者进口农产品、副产品以及相关产品的事实，那么你应该登录的网站是联合国粮农组织数据库：www.fao.org / faostat/（FAOSTAT）。这个便于使用的数据库是联合国粮农组织［FAO］运营的，大小为 5 亿字节，并且还在不断增长。对于某些人，查询这个数据库真是叫人欲罢不能。请先等我一下，让我瞧瞧吉布提共和国按重量排列第二重要的农产品……嗯……骆驼肉……哇，太酷了！）

香蕉是第一种产业化水果。生产香蕉的“香蕉共和国”与消费香蕉的国家之间的社会政治关系曾经导致有趣（有时是臭名昭著）的历史转折，比如：环境恶化、生物多样性的丧失、对工人的剥削、不安全的杀虫剂使用、社会分裂，以及政治上的不稳定。这些后果，不管是好是坏，至今仍在世界舞台上发挥影响。最近有几本书都在讲述香蕉如何改变了世界（例如 Frank 2005; Chapman 2007; Koeppel 2008; Frundt 2009）。

我们的兴趣点是世界如何改变了香蕉。说到性这种产生遗传变异的机制，香蕉还拥有另一个“世界之最”的称号。在重要的全球性作物中，香蕉是遗传上最均匀一致的。作为一小撮几乎完全相同的基因型，“卡文迪什”亚群（Cavendish subgroup）几乎垄断了全世界的香蕉园和香蕉贸易。纷繁多样的遗传多样性赋予了野生植物和动物种群可持续性，与它们不同的是，全世界的香蕉产业缺乏稳定性，如同倒扣过来的埃及金字塔一样岌岌可危。这个事实导致了最后一项世界之最：商业化种植的香蕉是全世界最濒危的主要作物。洲际贸易香蕉曾经并将再次陷入危险境地。考虑到它们的野生祖先和大多数物种一样有比较丰富的变异，那么全世界种植的大部分香蕉植株究竟是怎样变得如此均匀一致的呢？而作为“全世界最完美的食物”，这种一致性对它们的未来意味着什么呢？

商业化农业生产偷走了香蕉的性。

048

要想理解香蕉的未来，我们需要理解如今摆放在超市货架上的香蕉的起源。因为没有时光机器，所以一种作物的详细起源总是涉及一定程度的猜测。学者们最初认为，任何一种作物的驯化都是新石器时代某些富于创新精神的初代农民的非凡创造，他们将一些种子胡乱塞进地里，从中创造奇迹。棉花——包括 4 个不同物种，分别被驯化于四个相距遥远的地方：中美洲、中东、南美洲和印度——是个古怪的例外（Wendel 1995）。在过去 20 年，科学家将基因组学的新方法和考古学分析相结合，意识到新石器时代人类的创新精神和聪慧比之前猜测的更加常见。在许多作物中，多次独立驯化事件的证据都在迅速增加（Mayer 和 Purugganan 2013）。多次独立驯化也许很快就会被发现是普遍情况，而非特例。

香蕉就属于这样一类作物，它曾在不同的地方被不同的人驯化。在从马来西亚到印度尼西亚和新几内亚，再到太平洋群岛的广大热带地区，香蕉（不包括外表相似的大蕉）至少被驯化了两次（Simmonds 1995）。香蕉的野生祖先至今还生活在这片地区。驯化香蕉植株和它的祖先有很多共同点。野生和驯化香蕉的花几乎完全相同，如果紧挨着种在一起，有一个巨大的不同之处可以将它们区分开。野生香蕉的果实基本无法食用。

049

野生香蕉和栽培香蕉是大型宿根草本植物，外表令人想起观赏植物鹤望兰（bird-of-paradise），植株顶端有一簇长叶片，你很容易沿着平行叶脉将叶片撕开。虽然鹤望兰所属的科与香蕉所属的科并不相同，只是亲缘关系较近，但它仍然在某种程度上拥有与香蕉类似的花构造。但是鹤望兰的果实是干燥的，开裂后释放出其中的种子，而野生香蕉拥有不开裂的肉质果实。按照植物学的定义，含有多个种子的肉质果实是浆果。你会意识到我们的老朋友番茄也是一种浆果。野生香蕉的浆果和驯化香蕉的浆果有一处很大的不同，那就是前者有种子，后者没有。在野生香蕉中，授粉和受精是果实良好发育所必需的先决条件。野生香蕉的甜酸果肉富含淀粉，充满了大小和硬度与大号 BB 弹相仿的黑色种子。野生香蕉的种子是性的产物。如果雌花没有得到授粉，它的雌蕊群会稍微胀大，变成小空壳宿存在枝头上。至于驯化香蕉，未授粉的果实依然能自行发育，里面充满没有种子的果肉。

这种没有种子但其他方面正常并充满果肉的果实，其自行发育的现象称为单性结实（parthenocarpy）。其他著名的单性结实水果包括菠萝、华盛顿脐橙、日本甜柿，以及一些克莱门氏橘。野生香蕉植株极少产生单性结实的果实，而且只有在未能得到授粉的情况下才会结出这种果实，但是一旦得到授粉就很容易结出有种子的果实。因此，在田间条件下只产生无籽果实的栽培香蕉是完全雌性不育的，否则我们的牙齿就要在坚硬的种子上磕碎了。香蕉育种者的精心哄骗可以让驯化香蕉的某些种类在授粉后结出真正的种子，但这种技术一点也不容易（Simmonds 1966; Koeppel 2008）。与大众的认识相反，商业种植香蕉果实中央的大量黑色小点并不是“种子”，而是未受精的夭折胚珠，这跟都市传说的并不一样。

香蕉不是长在树上的。一棵幼年植株向上抽出名为假茎的结构，后者制造出长达数英尺的叶片，直到开花。真正的茎位于地下。花序刚开始是一大簇硕大的革质紫色叶片。当每一簇叶片首先打开时，它们会在基部露出许多行使雌性功能的黄花。随着花序的生长，花的性别逐渐向末端过渡为两性花和最终的雄花。雄花的颜色先是奶油色，再依次变成粉色和红色（Robinson 1996）。（我们可以将这种顺序称为略有漏洞的雌蕊先熟雌雄同株。是否觉得最后这个短语生涩难懂？快去第 2 章复习一下！）

下一次做香蕉船冰激凌的时候，在给那个又长又黄的东西剥皮之前，先停下来观察它的三分构造。与番茄以 5 为主题的花不同，香蕉各个部位的数量都是 3 和 3 的倍数。细长的雄花和较大的雌花有 3 枚萼片和 3 枚花瓣。花蜜的含糖量很高，吸引从蜜蜂到太阳鸟再到蝙蝠的一系列访花动物。雄花有 6 枚雄蕊（包括 1 枚没有功能的退化雄蕊），而雌花的 3 枚合生心皮着生在花被之下（这种配置称为子房下位）（Robinson 1996）。请注意，这些有一半艳丽色彩、有动物造访的花推翻了香蕉的一项世界之最的称号，这种广为流传的谬论宣称香蕉是“全世界最高的禾草”（Chapman 2007）。并不是，它属于它自己的科，即分布于旧世界热带地区的芭蕉科（musaceae），这个科很小，只有不到 100 个物种。（全世界最高的禾草是一个竹子物种。）

野生和栽培香蕉的假茎在生长发育 7 个月至一年多后达到成熟。它们开一次花，结出果实，然后就死了。如果濒临死亡的假茎在一生中有足够的能量和机会，它在死去时周围会出现一或多个年轻的假茎（见图 3.1）。这些“嫩茎”或“根出条”是地下真正的茎上的芽长出来的。新一代的假茎继续生长，直至开花死亡。如果地下茎随着时间不断伸展扩张，它可能断裂成生理上相互分离的个体——但遗传上相同。或者植株可能被农民有意断裂，并将假茎重新种植下去。

你或许注意到了，对于像香蕉这样进行营养繁殖的生物（甚至包括一些动物，例如珊瑚），“个体”的概念变得有些模糊。这让一些生物学家感到焦虑不安。和术语“营养扩展”“营养生长”“裂殖”和“营养繁殖”有关的概念上的灰色地带让 20 世纪最有影响力的植物种群生态学家约翰 · L · 哈珀（John L. Harper）感到十分挫败，他最终决定避免使用“营养繁殖”这个术语，而用“营养生长”代替：“如果一棵树垂直扩展，我们说这是生长，但是如果一棵苜蓿水平扩展，我们却说这是繁殖——这毫无意

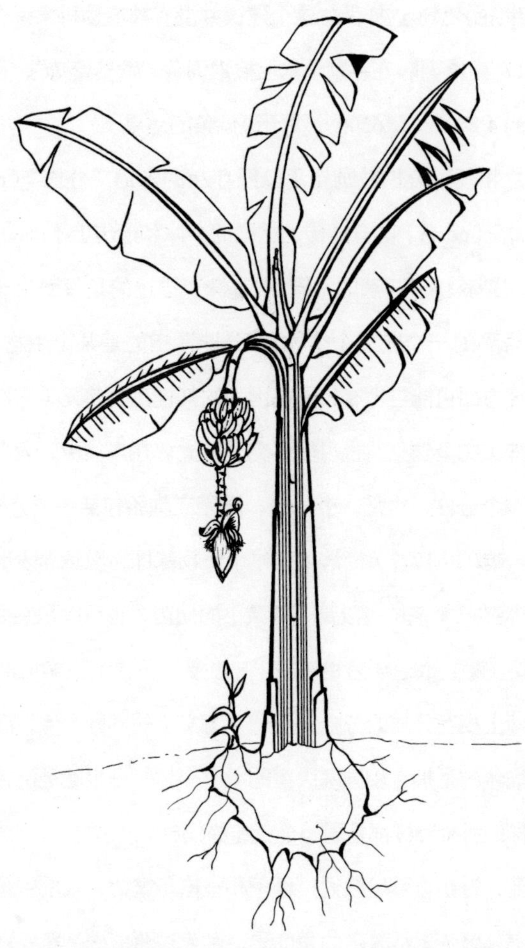

图 3.1　带花序和雄花的香蕉植株。假茎上有一条纵向切口，露出里面的叶鞘。香蕉的花柄上生长着发育中的果实，最末端是一簇发育中的雄花。地下部分是一段长着根的茎和一枝在左边冒出来的根出条。

义”（Harper，引用于 Turkington 2010）。哈珀（1977）建议其他植物生态学家也这样做。这个建议并没有被植物科学家广泛接受。2017 年 12 月，在谷歌学术上搜索词条“营养繁殖”，可以看到过去的 4 年一共有 6200 个关于该词条的结果。

与之相反，哈珀鼓励使用已经存在的术语“分株”（ramet）和“基株”（genet）区分遗传上相同的个体和遗传上不同的个体，这个建议则获得了普遍的赞同。“基株”描述的是只发生一次精卵结合得到的一个或多个个体。“分株”指的是某个生物单元，它在生理方面可能与拥有相同基因型的其他生物单元（它们共同构成基株）完全独立，也可能不完全独立。在人类中，大多数个体既是一个分株，也是一个基株。同卵三胞胎包括 3 个分株和 1 个基株。哈珀（1977）简洁地描述了植物基株在自然界表现出的巨大差异：“一个基株可以是一棵微小的幼苗，也可以是某个绵延 1 公里长、断裂成若干段的克隆。”如今大多数生态学家的看法是：生理上相互分离的分株是生态学意义上的不同个体，而且一个基株描述的是拥有相同基因型的所有个体——也就是说，构成一个基株的所有分株都是同一个克隆的成员。

因此，野生香蕉可以通过种子和根出条繁殖；栽培香蕉只能通过根出条繁殖。从繁殖的角度看，驯化香蕉植株是自我复制的机器。根出条可以与母株分离并重新种植，它会自动生长出新的地下茎。初代农民如果发现某棵植株结出他们喜欢的果实（可能味道比较好而且没有那么多种子），可以将它的根出条挖出来，

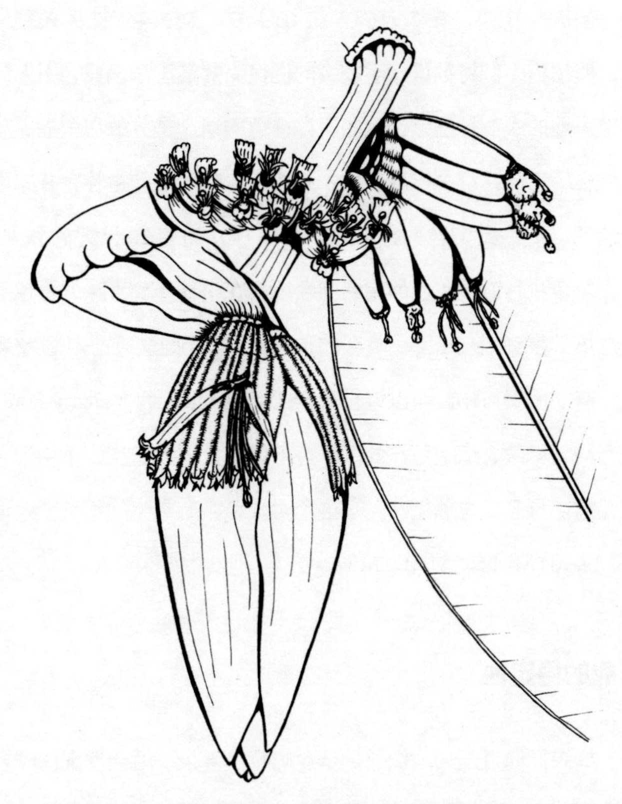

图 3.2 雄性香蕉花和带有发育中香蕉果实的香蕉花序。位于中央的雄花已经开放，露出 5 枚有正常功能的雄蕊和 1 枚没有功能的雄蕊（退化雄蕊），它们环绕着没有功能的柱头三裂雌蕊。其中一枚雄蕊的边缘沾染着一些花粉粒。发育程度最高的果实（即“手指”，fingers）上有正在萎缩的花被。

重新种在附近的空地上甚至路边。数年之内，一位勤奋的初代农民可以繁殖出该基株的几十棵植株。

回溯几千年，在西方的大航海时代，这种模式被放大到全球，植物猎手们将数量相对较少的优良克隆运出东南亚，引入热带殖民地的农业种植园。这些流亡香蕉的遗产是分散在全世界花园和农场里的几百个不同基株：有些长，有些短而粗壮，有些是红色的，有些是黄色的，口味多种多样。随着 20 世纪的到来，工业革命和种植园农业的相遇导致一个在全球受到青睐的香蕉基株在热带得到大量繁殖，收获的香蕉被出口到北方工业化国家翘首以待的消费市场。可以说香蕉产业为亨利 · 福特（Henry Ford）生产均匀一致、稳定可靠的汽车打下伏笔，因为它找到了均匀一致、稳定可靠的香蕉克隆。在这个时候，所有人吃的都是“大迈克”（Gros Michel，即 Big Mike）香蕉。

可靠的稳定性

如果你问过任何一位长期从业的餐馆老板，就会发现让顾客一次又一次光顾的秘诀就是每次都把他们最喜欢吃的菜做得完全一样（Bourdain 2000）。频繁不断的变化——例如这周用红酒樱桃酱搭配鸭肉，下周换成来檬莳萝酱——会把客人撵走。如果报纸上的美食家专栏建议你尝试一下印尼豆豉，结果等你到了餐厅却被告知印尼豆豉已经被豆腐取而代之，那你肯定会不高兴的。

快餐业在全球大获成功的部分原因就在于，你非常了解自己将要吃到什么东西。麦当劳的汉堡和薯条套餐基本上没什么变化，无论是在加利福尼亚州的里弗赛德（Riverside）、伊利诺伊州的埃尔克格罗夫（Elk Grove），还是瑞典的乌普萨拉（Uppsala）。（事实上，瑞典的麦当劳薯条有些令人惊喜）。当我们遇到没有完全熟透的杏或者里面有十几颗种子的克莱门氏橘时，尤其会感到心中不快。

从农民到食品杂货商，整个现代工业化食品制造和运输网络都依赖可预测的一致性。对于大田作物，种子必须同时萌发，植株必须生长得均匀一致。谷物必须整齐划一地成熟，这样的话无论是使用镰刀手工收割还是驾驶联合收割机收割，都能只用一次就完成一片田地的收割。对于园艺作物，当果实拥有可预见的形状和大小，便于装进标准化箱子里时，包装生产线的效率最高。零售商不喜欢收到的水果一部分成熟，一部分未成熟，还有一部分熟透腐烂了。只要有选择的余地，大部分消费者都会对货架上形状怪异的番茄或者颜色不均匀的橙子敬而远之。

生物变异的主要来源是环境差异和基因差异。先来说说环境差异。田野各处的坑坑洼洼会导致略湿或略干的小地块。在喷洒杀虫剂或肥料时，每行末端的作物可能会被喷洒两倍的剂量，因为要在末端拐回头喷洒下一行作物。在青年时代的假期，我常常在威斯康星州多尔半岛（Door Peninsula）农田边缘富含化石的石头堆里翻动寻觅。多年之后，我才知道19世纪的农民为了让土地更加平整和便于打理，将田野里被霜冻抬升的石头移了出来，造就了这些石头堆。

环境差异还发生在更大的尺度上。柑橘类、牛油果和其他果树作物生长在从墨西哥边境向北延伸至萨克拉门托河谷（Sacramento Valley）的加州山麓地带。在这条地带沿线，它们会经历不同的温度、雨水、土壤类型和日照时间。对于生长在沿海圣迭戈县（San Diego County）、墨西哥边境附近北向山坡上的柿子树，上述条件显然和向北 450 英里的图莱里县（Tulare County）山麓地带中西向山坡上的柿子树不一样。数十年的天气数据和种植经验让果园经理能够预测作物的品质和产量，以及相对于州内其他种植者的收获时间。产业化农民已经越来越精于应对环境差异。使用名为“精准农业”（precision agriculture）的先进技术，农民能够尽可能均匀一致地对待每一棵植株。将来自全球定位系统的精确空间信息与高科技田间作业机械结合起来，可以改变外部环境（平整大田）。使用土壤和植物传感器以获取营养和水状况，再辅以互联网云为基础的数据分析工具，就可以消除自然母亲带来的环境差异。

在这些现代工具的帮助下，对作物、土地和灌溉的管理可以实现非常精细的环境一致性。但是如果某种作物具有较高的遗传多样性，而且这种多样性表现在植株和它们的产品上，就会无法控制一致性。双亲遗传背景不同的两性杂交种子之间存在大量变异。我们喜欢用一根晒干的“印第安玉米”当作感恩节装饰，它长着颜色各异、五彩斑斓的玉米粒。但是对于那些想让自己的产品尽可能可预测且均匀一致的人而言，花样百出的植株间变异是一场噩梦。然而，并非任何一个基株都能满足他们的要求。某些基因型在发育过程中是不稳定的。无论你多么精心呵护它们，它们就是无法保持均匀一致。还有一些基因型生长在任一地点都能保持一致性，但是在不同地点就会产生变异——对水土条件的微小变化非常敏感。从全球香蕉产业的角度看，完全相同的香蕉（即在消费者以及在那些包装、运输和出售产品的从业人员的眼中）必须在厄瓜多尔、菲律宾、危地马拉、哥斯达黎加和哥伦比亚生产。

对于商业化的香蕉产业和贸易而言，“大迈克”（the Gros Michel）基株一定就像是《欢乐满人间》里的魔法保姆玛丽·泼平斯，“几乎在所有方面都是完美的”。对于在夏天尽情享用鲜果但到了冬天只能吃罐头或水果干的19世纪城市消费者而言，它是难得的热带美味。厚实的果皮让它能够经受长途运输。更重要的是，这个品种在不同的热带国家和大陆都能保持良好且均匀一致的生长习性和果实品质。收获之后，果实可以乘船长途运输到更加冷凉的气候区，让这个品种在20世纪前半叶供应优质的香蕉。彼得·查普曼（Peter Chapman 2007）阐述道：

联合果品（公司）是大批量生产的先驱。凭借一成不变的香蕉，这家公司在标准化方面领先亨利·福特好几年，尽管后者常常被视为标准化生产的先驱。“大迈克”在19世纪末20世纪初摆上货架，而T型汽车直到1908年才走下生产线……联合果品公司的香蕉是我们今天所知的下列产品的先行者：跨文化的泡沫咖啡饮品、风靡多个国家的汉堡包。

因为大多数重要作物只能通过两性结合得到的种子进行繁殖，所以它们无法通过克隆的方式扩繁。并不令人惊讶的是，对于很多想让作物生产出更好产品的人，有性繁殖产生的遗传变异是一种阻碍。在过去的四分之一个世纪，一些植物生物技术专家声称未来的作物应该像香蕉一样，完全消除性的参与。更确切地说，他们认为作物品种最好通过均匀一致且无性的无融合种子复制母株（例如，Hand 和 Koltunow 2014）。一种方法是植物育种者保留具有生育能力的谱系，当这些谱系杂交时，会创造出无融合子代。第二种方法是对植株进行基因工程改造，让它们变成无融合植株。无论采用哪种方法得到的种子，都可以交付到农民手上，令他们受益于作物的一致性。

059

取决于你阅读的文章出自谁的笔下，无性种子可能是农民的真正福利——也可能不是［国家研究委员会（National Research Council）2004］。一些科学家在无融合种子中看到了社会公正（Jefferson 1994）。目前，绝大多数异型杂交作物的种子是所谓的杂种品种。杂种品种产量高而且高度一致，是高度一致的两个近交品系的杂交子代。（注意：商业杂种品种和物种间杂种没有任何关系。关于杂种品种的更多内容见第5章。）但是当这些杂种种子长出的植株再彼此交配时，两性生殖过程会将它们的遗传构造打乱，产生的后代不但变异丰富，而且品质不佳。几十年前，我去过宾夕法尼亚州兰开斯特市（Lancaster）附近的一座门诺派教徒（Mennonite）农场，看见一些生长不良的矮小玉米植株生长在一块高产田的边缘。那里的农民解释说，上一年的杂种玉米通过有性生殖产生的种子掉落在土壤中，长出了这些矮小的玉米。尽管降雨、除草和施肥等生长条件完全一样，但是这些自播植株的尺寸还不如几英寸之外杂种作物植株的一半。

对于杂种品种，农民无法通过保留它们制造的种子并重新种植的方式得到适宜的作物。如果他们喜欢自己种植的杂种品种而且买得起种子，农场经营者就必须每年去种子公司购买更多种子。贫穷的农民处于劣势。即使他们在某一年能买得起杂种种子，这一次的收获也不足以帮助他们每年都买得起新种子。如果种植的是无融合品种，农民就不必年复一年地购买种子，因为他们的作物会产生和母株完全相同而且长势同样茁壮的后代。这种状况的支持者显然来自公共研究领域——例如非营利组织和政府。一个突出的例子是独立非营利组织堪比亚（Cambia；www.cambia.org），这个研究所正在探索如何使用基因工程和更高级的分子技术创造无融合品种。

但是考虑到基因工程无融合生殖的成本和难度，有人担心能够负担这些成本的企业会为了它们自己的盈利目的创造和使用无融合技术，而贫穷的农民可能无法获得它们的昂贵产品。还有人质疑无性种子是否总是一项福利。购买不育无融合品种的农民没有机会对自己的作物进行改良。对于不经常使用杂种品种的发展中国家的农民而言，这个问题尤其突出。他们种植的是开放授粉并在不断的试验中进化发展的地方品种。最具试验性的农民种植的作物是一大群混合植株，种子来源多样，既有自留种子，也有交换来的甚至买来的种子。他们常常主动或被动地参与到让自己的作物越来越适应当地条件的活动中去。关于企业控制无融合生殖的担忧导致了 1998 年“贝拉吉奥无融合生殖宣言”（Bellagio Apomixis Declaration）的诞生，敦促“全面实现植物生物技术尤其是无融合生殖技术可用性的广泛公正原则”，并鼓励“开发能够达成该目标的技术形成、专利申请和许可制度的新方法”[生殖发育和无融合生殖小组（Group of Reproductive Development and Apomixi），1998]。目前，接受基因工程改造以生产无融合种子的植物还没有走出实验室，距离大田试验还有很长的路要走，距离交给农民大规模种植就更遥远了。

所有人都认可的一个事实是，克隆作物在遗传上非常均匀一致。这既是好消息也是坏消息，因为虽然曾经风靡一时，但“大迈克”如今几乎销声匿迹了。不是因为出现了味道更好或者产量更高的香蕉，而是因为——根据香蕉遗传学家和作物进化学家 N.W. 西蒙兹（N. W. Simmonds 1995）的说法——“香蕉是单一无性系栽培面临的病害威胁在农业历史上的最佳范例之一”。

没有性的一生自有其缺点。

“性有什么用？”“性有什么好？”“为什么会有性？”“为什么要有性？”这些是某个深感挫败的禁欲者的抱怨吗？不，它们是从20世纪下半叶直至今日的几篇学术论文的标题（Maynard Smith 1971; Michod 1997; Wuethrich 1998; Otto 和 Gerstein 2006）。对于我们所有人，性都可能有点神秘，而对于几十年以来的进化生物学家们，性一直是巨大的谜团。

性几乎无处不在，但要解释它为何普遍存在并不容易。通过性进行繁殖，人类、哺乳动物和鸟类全都是如此，这也几乎完全适用于鱼类、两栖动物、爬行动物和大多数其他动物物种。100万个（大概更多）动物物种能够或者必须通过性进行繁殖。比例较小但数量可观的动物物种拥有有性繁殖和无性繁殖两种选择——例如某些珊瑚、水蚤和蚜虫。比例很小的一部分动物严格执行无性繁殖，从某些轮虫到某些黄蜂和几种蜥蜴。没有任何一个大型动物类群是完全无性的。其他类型的生物也是如此。被子植物物种一共有超过25万个，其中的一大半是能够进行无性繁殖的有性繁殖物种。但是完全消除了性的开花植物物种非常少，而且彼此之间的亲缘关系十分遥远。对于原始植物物种如蕨类、苔藓和木贼（horsetail）而言，有性和无性繁殖的能力都很常见。但即使对于这些类群，从不产生拥有正常功能的雄性和雌性部位的物种也极为罕见。

使用一点达尔文的逻辑解释生物持久且广泛存在的特性，这是进化生物学家的习惯。生物的显著特性往往被解释为对环境的适应。你会在沙漠里发现能储存水的植物。身上有斑点的动物会在光影斑驳的栖息地生存下来并发展壮大。肤色浅的人来自常年阴云密布的地方。当他们生活在阳光强烈的气候区时，他们会遭受晒伤、皮肤癌和维生素 D 中毒。相比之下，在阳光强烈地区土生土长的肤色较深的人遭遇这些问题的概率小得多。有性生殖是所有主要生物类群的共同特征，因为……嗯……因为……那个……哈?

对性的解释不是直截了当的，性是复杂的。在无性繁殖中，生物可以用一个细胞制造一个新个体，为它供应一些资源，最终释放这个“婴儿”，令其脱离母体。有性繁殖的生物面临更大的挑战，它必须制造配子，它制造的配子必须找到其他配子。寻找或者吸引其他配子的过程通常需要为生物体的特殊结构分配资源，至于动物，则要为它们的特殊行为同时分配资源和时间。

对于进化生物学家，性还产生了另一个麻烦。按照达尔文的理论，性似乎违反了一项规则，即对于拥有某项适应性特征的个体而言，除非它留下的基因比相反性状多，否则它就无法在生存竞争中获得成功（根据达尔文的说法，“为了物种好”并不足够好）。如果有性生殖要在进化意义上令个体受益，那么与无性生殖的生物相比，参与有性生殖的生物应该将自己的更多基因传给下一代（Williams 1975）。相反性状是无性生殖，而它留下的基因比有性生殖多。

用简单的算术就能解释这个悖论。通过无融合生殖制造种子的个体会将自身基因的全部（也就是100%）传递到下一代。通过有性生殖过程制造卵细胞的个体将自身基因的一半（也就是50%）放到这个篮子里，来自另一个体的精子补充另外的50%。有性种子传递的母本基因是无性种子（或者通过任何其他无性方式产生的子代）的一半。进化生物学家做完这道算术题，倒吸一口凉气。与进行有性生殖的个体相比，无性生殖个体传给每个子代的自身基因是前者的两倍。让性消失，产生了整整两倍的好处。对于能够进行自交受精的生物，使用相似但更复杂的数学论证会得到同样的结论。有性生殖既然能在物种中保留下来，它的好处一定是巨大且显著的。这种“显著”的好处究竟会是什么？围绕这一点已经发展出了许多理论——还有一些理论正在发展当中。大多数理论都是从一个简单的事实开始的，即有性生殖产生的后代在遗传上彼此不同，而且和它们的亲本也不同，于是它们提出的问题是“不同有什么优势”？这些理论可以粗略地分成三类。

第一种理论有个绰号，叫彩票模型。该模型指出，进行无性生殖的亲本就像是某个买了一大堆彩票的人，但每张彩票的号码都一样。进行有性生殖的亲本采取的是另一种策略，购买一大堆彼此不同的彩票。如果中奖条件非常容易预测，也就是说后代面临的环境与亲本完全相同，那么进行无性生殖的亲本就是大赢家。但是如果环境的变化在时间和空间上都不可预测，那么进行有性生殖的亲本就更有可能持有中奖彩票。请注意，这种论证非常适合那些后代（彩票）数量众多，而且这些后代生活在不可预测环境中的个体。如果后代远离亲本的生活环境，这种论证就尤为合理了。

第二种模型指出同胞之间产生相互作用，并争夺相对有限的资源。活动空间模型的原理如下：如果所有后代都是完全相同的，它们就全都有同样的需求和特化适应性。在那些分布范围有限的生物中，无性生殖产生的后代很可能在争夺相同关键资源的过程中伤害彼此。相比之下，有性生殖制造的后代拥有彼此不尽相同的资源适应性和需求，与那些完全相同的后代相比，对彼此产生的不利影响比较小。如果三姊妹同样在机械方面拥有天赋，并且都在内布拉斯加州西部的某个偏僻小镇上经营相互竞争的法拉利跑车维修店，那么与分别当屠夫、面包烘焙师和蜡烛制造师的三姊妹相比，后者更容易获得成功。

最后一种模型的前提是，世界充满了生物的天敌：捕食者、寄生虫和病原体。但是生物的天敌掠夺它们营养的过程并不是随意的。这些生物拥有寻找与攻击猎物和宿主的专门策略。在这种情况下，不同于本物种其他成员是有好处的，如果个体的分散程度较低，最好与同胞姊妹保持不同。成为天敌“眼”中的稀有类型是有好处的，因为不容易引起注意。让我们思考一个涉及捕食者的简单例子。某种视力适合捕捉亮蓝色甲虫的鸟类可能会遗漏数量较少并呈暗绿色、棕色等颜色的甲虫。进行无性生殖的亮蓝色甲虫和它的孩子们都难逃鸟儿的捕食，但进行有性生殖的亮蓝色甲虫有机会在每一代的进化过程中利用性对基因重新洗牌。在天敌带来的强大进化压力下，稀有类型变成常见类型。性的花招只能让下一代的某些后代暂时逃脱，因为自然选择开始偏爱那些视力适合捕捉黯淡颜色甲虫的鸟类。

还有人认为操纵局势的不是捕食者，而是病原体——蠕虫、细菌、真菌和其他简单有机体。它们的世代时间很短（最快每 20 分钟繁殖一代），因此可以达到极为庞大的数量（万亿或者更多）。虽然大部分能够进行有性生殖，但很多病原体的变异来自高频率的突变（自发产生的基因变化）。有性生殖和高频率突变的组合让它们在自然选择下以飞快的速度进化。它们进化得能够追逐和摧毁最常见的易感宿主基因型（或者一系列相似基因型）。曾经稀有的宿主类型变得常见。然后自然选择在此时遇到困境的病原体中挑选新的变异。曾经稀有但现在常见的宿主被新进化的病原体侵袭。这种进化循环就这样持续不断地运转。

被迅速进化的病原微生物疯狂追赶，在有性生殖过程中进化的宿主不能停歇（当然也不能逆转到无性状态）。在这场协同进化的竞赛中，病原体和宿主都要尽可能快地奔跑，才能维持原来的位置。这就是这种理论被称为红皇后模型（the Red Queen model）的原因，这个名字来自一个适用范围更广泛的协同进化理论（红皇后假说）（Van Valen 1973）。该理论的名字是在向刘易斯·卡洛尔1871年所著《爱丽丝镜中奇遇记》(*Through the Looking Glass*) 中红皇后举办的同样类型的赛跑致敬，她说：

> “你看，如果你要维持在原来的位置，就必须用尽全力奔跑。如果你想突破现状，就必须以两倍的速度奔跑！”

在过去的几十年里，针对这三种主要模型及其变形以及其他一些假说，出现了大量试验性研究和描述性的审视。莱夫利（Lively）和莫伦（Morran）(2014）用心地综述了目前的研究状况。虽然明确的答案可能尚未出现，但一项共识无疑正在形成。活动空间模型似乎是大输家。几项试验性研究比较了同一母本的无性和有性后代面临的竞争。研究结果发现，遗传上更加多样的有性生殖后代几乎没有表现出优势（例如 Ellstrand 和 Antonovics 1985）；在最好的情况下，增加遗传多样性对减少竞争的作用似乎是特异性的，并不普遍适用于所有物种（File，Murphy 和 Dudley 2011）。彩票模型似乎在接受检验的少数案例中具有一定程度的可信性，尤其是那些后代数量巨大且分布广泛的生物（Antonovics 和 Ellstrand 1985）。受到自然种群研究的巨大支持和试验性研究的强烈支持，红皇后模型是大赢家。来自植物和动物的数据都表明，稀有基因型在存在天敌的情况下具有优势。有些研究量化了进化收益，衡量标准是出现在下一代种群中的基因的数量。许多这样的研究表明：性的进化优势——在面临天敌时——常常超过性的进化成本的两倍。

关于香蕉，红皇后有话要说。

上文讲道："香蕉是单一无性系栽培面临的病害威胁在农业历史上的最佳范例之一。"（Simmonds 1995）红皇后是"大迈克"消亡的背后推手。一旦某种数量庞大的生物表现出极度的均一性，那么某种害虫遇到这个能够自由畅享的巨大营养库就只是时间问题了。至于"大迈克"这个克隆，罪魁祸首是两个真菌物种——其中之一导致了巴拿马病（尽管这种病害是1876年首次在澳大利亚被记录的），而另一种真菌导致了名为黄色香蕉叶斑病的病害。数十亿棵"大迈克"植株都非常容易遭受这两个真菌物种的感染，其他一些小害虫也会危害它们。巴拿马病病原体的危害尤其严重，时至今日也是如此。人们至今还没有发现拯救易感香蕉基因型的方法。20世纪上半叶，巴拿马病摧毁了美洲的大部分"大迈克"香蕉种植园（Stover and Simmonds 1987）。面临迅速消失的香蕉，唯一可行的解决方案就是寻找或者培育一种更好的香蕉。这场探索在1920年代正式开始（Robinson 1996）。《是的！我们没有香蕉》（*Yes! We have no bananas*）这首歌也是在这个年代流行起来的。但是这首歌的灵感到底是不是来自"大迈克"的即将覆灭，至今仍然只能猜测。

随着"大迈克"突然遭遇打击，沦落到几乎灭绝，人们开始种植来自那些研究项目的香蕉。"大迈克"被一系列亲缘关系极为接近的基株（事实上它们全都是一个基因型的克隆后代，全都是突变体，不涉及性）取代，这一系列基株被称为“卡文迪什”亚群。“卡文迪什”是一个之前就存在的克隆，并且不容易干扰“大迈克”遭遇的病害。如今“卡文迪什”亚群统治着香蕉种植业。全世界的香蕉种植面积是 900 万英亩，其中大约一半种的是这种香蕉。此外，“卡文迪什”类型是参与洲际贸易的香蕉。在如今的世界，只有那些可怕的真菌还没有染指的某些地方还在坚持栽种“大迈克”香蕉（Robinson 1996; Koeppel 2008）。

但是红皇后的赛跑不会停止。停留在原地的生物终将落后，例如数十亿棵“卡文迪什”植株。随着“卡文迪什”成为主流，已经开始出现攻击它的新病原体了。目前最严重的香蕉病害是黑色香蕉叶斑病，致病菌是黄色香蕉叶斑病真菌的一个近亲（Robinson 1996）。

长远看来，更令人担心的是一位老朋友。摧毁“大迈克”但不会感染“卡文迪什”的巴拿马病的病原体如今被命名为生理小种 1（Race 1）。导致巴拿马病的这种真菌已经进化了：生理小种 1 基因型正在被生理小种 4（Race 4）取代，后者首次出现于 1965 年。“卡文迪什”对生理小种 4 没有抗性。这种在进化中改良过的新巴拿马病病原体的真菌已经在东南亚摧毁了数千英亩的“卡文迪什”香蕉。从那以后，它又在太平洋地区、澳大利亚、非洲和中东被发现（Ordonez 等 2015）。更糟糕的情况发生在 2011 年，印度的“卡文迪什”香蕉被生理小种 1 的一个新遗传变种严重侵害（Thangavelu 和 Mustaffa 2010）。坏消息是“卡文迪什”完全无法进行有性繁殖。

好消息是如今仍然有很多致力于取代“大迈克”的香蕉育种和筛选项目正在进行当中。人们正在寻找和培育替代品种，育种方法包括使用保留少许种子可育性的克隆进行有性杂交，或者利用基因工程技术（Koeppel 2008）。对于基本上进行无性繁殖的食用作物，私营公司、大学和其他公共机构的植物育种专家必须发挥自然种群中周期性的性所发挥的关键作用。通过传统方法和基因工程改造，全世界都正在创造有前途的抗病克隆。但是在有前途的克隆被成千上万地扩繁之前，它必须进行田野测试并接受消费者的检验。这是香蕉和时间的第二次赛跑吗？如果在育种专家找到替代基因型之前，生理小种 4 真菌意外进入美洲商业香蕉产区的腹地，我们可能会再次唱起《是的！我们没有香蕉》。

还算好的消息是，在香蕉作为一种主食的地区，“卡文迪什”不是主流栽培的克隆品种。在热带地区依赖香蕉为食的几亿人种植的是不同的克隆。就算是同一个地区之内，也常常会种植多个克隆。但是想象一下这种状况，一个地区的数百万人口在营养上完全依赖一个当地种植的克隆提供食物。

可怕，的确可怕。

臭名昭著的爱尔兰马铃薯晚疫病以及后续的大饥荒就是个例子。马铃薯植株极少开花，结籽的频率还要更低。这种作物的延续方式通常是将马铃薯块茎切成单独种植的小块。马铃薯块茎的

070

植物学名称是根状茎（rhizome），表示它是水平生长在地下的一种茎。马铃薯块茎的每个“眼”都是一个芽，有长成新植株的潜力，而且其遗传构成与亲本块茎及其同胞克隆完全相同。19世纪初，爱尔兰经历了一次人口大爆发。为这次人口增长提供能量来源的就是种植简单且富含热量的马铃薯。马铃薯块茎成了至少一半爱尔兰人的主食。马铃薯的起源地是安第斯山脉，那里的马铃薯拥有令人眼花缭乱的遗传多样性，一系列万花筒般的基株拥有不同颜色、形状、大小和质感的块茎。相比之下，在爱尔兰有着重大历史意义的作物马铃薯只有一个广泛栽培的克隆，“码头工人”（Lumper）。“码头工人”的种植面积不断扩张并深受欢迎，等待着某种它没有免疫力的病原体。当晚疫病水霉菌到来之时，马铃薯植株开始在田野里枯萎腐烂，储存起来的块茎同样如此。马铃薯的产量一年比一年糟糕。从1845年开始一直持续到1852年的大饥荒是毁灭性的。超过100万爱尔兰人死于饥饿，同样数量的人口逃离到海外，一直到超过一个半世纪之后的今天，爱尔兰的人口数量都还没有恢复到它的历史高值（Ristaino 2002）。“码头工人”迅速濒临灭绝，而且如果不是一位为了它的历史价值而繁殖它的爱尔兰农民，它现在应该早就灭绝了（Zuckerman 2013）。

自从有生命居住在我们的星球上，尽管大灭绝事件时有发生，但物种总数却大大增加了（Bennett 2013）。这意味着物种形成的速度大大超过物种灭绝的速度。根据最可靠的科学推测，我们如今生活的时代是过去 2 万年左右的时间里物种数量最多的时代。实际上，新物种在人类出现的历史时期之内还在继续进化，甚至进化出了新的食用植物物种。小麦就是一个例子（Feldman，Lupton 和 Miller 1995）。性是混合和匹配这些基因，创造大多数这些物种的引擎。随着时间的推移，与严格无性的谱系相比，进行有性生殖的谱系更有可能完成可持续的多样化过程。这种论证普遍依赖的假设是，有性谱系中的物种形成速度比无性谱系中的快（Barraclough，Birky 和 Burt 2003）。事实上，虽然基本上没有任何严格有性物种拥有已知无性亲本，但是许多严格意义上的无性物种拥有最近才与之分道扬镳的有性祖先［全部个体皆为雌性的鞭尾蜥蜴（whiptail lizard）物种是个很好的例子（Sites 等 1990）］。

071

但是先让我们说清楚，无论是性，还是庞大的种群规模，还是人类的干预——单独或者同时发挥作用——都无法完全防止灭绝。实际上，人类活动被认为是全球物种数量在过去的几千年里显著下降的原因［你上次看见大地懒（ground sloth）是什么时候？］（Barnosky 等 2011）。我们必须暂时离开植物界，去看看一个更加引人注目并且记录充分的例子。

仅仅 175 年前，全世界数量最多的脊椎动物是旅鸽（passenger pigeon）。这种鸟曾经是北美鸽类数量最庞大的成员，比哀鸽（mourning dove）数量多三分之一左右。在欧洲殖民时代早期，旅鸽的总数可能有50亿只。如果将它们分给地球上的所有人类，每个人可以分到大约10只。据计算，一个筑巢栖息地的平均大小是31平方英里。随着殖民者开垦出越来越多的田野，旅鸽的数量也随之增加，因为这些田野提供了大量谷物作为它们食物来源的补充，它们平常吃的是昆虫、浆果等，最主要的是北美东部连绵不绝的山毛榉、槭树、栗树、山核桃和橡树森林出产的坚果（Cokinos 2000; Forbush 1936）。这些森林里有它们的夜栖地和筑巢栖息地，时常有些大树被数以吨计的鸟儿压倒。根据19世纪早期的美国博物学家先驱亚历山大·威尔逊（Alexander Wilson）对一群旅鸽的估算，这群鸟儿的数量超过20亿只。作家克里斯多夫·柯基诺斯（Christopher Cokinos 2000）形象化地描述了这个数字：

072

> 假设每只旅鸽长约16英寸，那么2230272000只旅鸽排成一队，就是350亿英寸，或者30亿英尺。那就是563200英里长的旅鸽。换句话说，如果威尔逊的旅鸽群鸟嘴挨着鸟尾排成一列飞在空中，这些鸟儿可以围绕地球赤道环绕22.6圈。

尽管曾经的数量如此庞大，这个物种现在还是灭绝了。殖民先锋和职业猎人捕杀成千上万的鸟（有时一次就是数千只），为他们自己、他们的农场动物和食品市场提供食物。这种鸟丰富的数量吸引了以打猎为消遣的屠杀者。同样重要的是，北美东部森林的迅速毁灭消除了旅鸽的筑巢地和天然食物来源。最后一只旅鸽是孤独的玛莎（Martha），1914 年死在辛辛那提动物园（Cokinos 2000; Forbush 1936）。这种鸟必须进行有性繁殖［鸟类中的无性繁殖极为罕见，除了——为什么一点也不吃惊呢——被驯化的火鸡（Tomar 等 2015）］。旅鸽没有赢得和人类捕猎者的红皇后赛跑。此外，当人类在 19 世纪 70 年代开始积极拯救这个物种时，他们的努力被证明是毫无用处的。很难说 20 世纪初更先进的科学是不是能做得更好［但是这并不意味着现在就没有让这些鸟儿复活的努力（参阅 Sherkow 和 Greely 2013）］。对于拯救某个物种，性可以帮上很大的忙，但遗憾的是，它并非进化上的万能灵药。

不过，总的来说，性足以让生命生生不息。在所有生物中，并不存在任何一个完全消除了性的主要进化类群。几十亿年的进化历程会有错吗？在 2008 年的小说《本尼和虾》（*Benny and Shrimp*）中，凯塔琳娜·马泽蒂（Katarina Mazetti）评论道，"'爱'是一个物种对遗传变异的需求的回答，否则你只需要从雌性身上取一些插穗就可以了"。对于遭受病害的香蕉和马铃薯而言，的确是这样。但是它也会导致其他问题。下一章探讨的是，牛油果的浪漫生活是如何被损害的，因为牛油果树的整个种群都是"从雌性身上取一些插穗"创造出来的。

食谱：是的，我们有香蕉！蓬松煎饼

讽刺的是，一种令人想起阳物崇拜的水果竟然是禁欲生活的表率，因为它是完全不育的。但它就是这样。当你在切开香蕉制作这道美食时，看看果肉里发育失败的种子雏形，提醒自己没有性的生活在进化上意味着不稳定的未来。别忘了感恩，因为，是的，此刻我们有香蕉。

几十年来，我一直在周日早上以及招待客人时制作这道经过改良的“荷兰宝宝煎饼”（Dutch Baby）。它最初来自一家现在已经不存在的厨具公司的产品目录中的一道苹果煎饼菜谱，而我用香蕉取代苹果，并将黄油和糖的量减少了三分之二。就我的口味而言，焦糖化的香蕉与建议香料用量搭配得非常好。但你可以根据自己的口味随意调整。当然，你还可以在香蕉里加入其他水果甚至坚果（美洲山核桃仁怎么样）。

2 或 3 个成熟至过熟的香蕉，剥皮切片

3 汤匙黄油

3 个大鸡蛋

1/2 杯牛奶

1/2 杯面粉

1/3 杯融化的黄油

1/3杯糖混合1汤匙肉桂、1/2茶匙丁香和1/2茶匙姜（再加一小撮或者更多小豆蔻也不错）

切成1/4块的来檬，可选

供两个很饿的人吃，如果还有很多其他早餐配菜作为补充，可以供四个人吃。

在动手之前，最好先充分阅读这道菜谱。时间安排有一点复杂。

将烤箱预热到250℃。趁烤箱预热时，将3汤匙黄油放入10~12英寸的耐热平底锅中融化。黄油融化后，将它摊开在平底锅的内表面，防止香蕉或者面糊粘锅。加入切片香蕉煎到变软并略微焦糖化（我将平底锅留在烤箱里煎香蕉，趁这段时间做面糊）。用搅拌器将鸡蛋、面粉和牛奶打出泡沫。将搅拌好的面糊倒在煎好的香蕉上。将平底锅放入烤箱。烘烤大约12分钟，直到薄饼的边缘变成棕色。然后将它短暂地取出烤箱。将融化的黄油倒在煎饼上，然后将混合了香料的糖撒在表面。操作时小心点，但是手脚要麻利些，趁煎饼尚未变凉放回烤箱。进入烤箱之后，再烘烤6分钟或者直到糖融化。它应该像舒芙蕾一样膨胀起来，但膨胀的状态不会保持很久。切块食用。按照个人口味，还可以在切好的薄饼上挤一些来檬汁。

不速之客登门？需要马上端出食物？重新加热的剩菜（哈！）很适合搭配一勺香草冰激凌。

4
牛油果：
时机就是一切

牛油果这种食物是百果之中绝无仅有的，它是名副其实的天堂之果。

——大卫·费尔柴尔德（David Fairchild），植物探险家

对于牛油果的爱好者而言，它的坚果风味和紧致又柔顺的黄绿色奶油质地果肉让人有作赞美诗的冲动。牛油果按照植物学的定义是一种水果，在厨房烹饪中却被当作一种蔬菜。但是对于牛油果的狂热信徒，它可以作为一种水果用于烹饪：任何标准品种都可以用来制造冰激凌，而某些品种可以作为餐后水果生食。这种果实或许不像香蕉那样性感得明目张胆。但是这并没有阻止阿兹特克人在扩张帝国的过程中将这种果实命名为“ahuaca-tl”，在他们的语言里，“睾丸”用的也是这个词（Karttunen 1992）。

但是在注重饮食的现代，应该如何推销费尔柴尔德的“天

堂之果"？毕竟一个较大的果实就有大约300大卡的热量，其中超过80%来自脂肪。加州牛油果委员会对此的回应是有时披着金发、总是露出一双长腿的影视明星安吉·迪金森（Angie Dickinson）。在1982年拍摄的电视广告中，迪金森问道："这个身体会对你撒谎吗？"然后她开始讲述牛油果中含有的维生素和矿物质带来的好处。[①] 相应的平面广告很适合挂在男生宿舍里，并将牛油果的热量值定义为"每片"17大卡。令人吃惊的是，按照同等重量计算，牛油果的营养价值胜过许多其他高脂肪食物。一盎司低钠牛油果的热量是一盎司黄油的25%，并且含有两克膳食纤维（Dreher和Davenport 2013）。牛油果的脂肪中有87%是不饱和脂肪，而且它不含胆固醇，这个事实或许会让你下一次做吐司时考虑用牛油果代替黄油（见本章菜谱）。无论你是不是牛油果的粉丝，你都会同意加州牛油果委员会的商业广告发扬了阿兹特克人将牛油果与性联系起来的传统。

但是牛油果那不稳定的性生活的故事更适合电影而不是电视。这个故事与罗伯·莱纳（Rob Reiner）1989年的电影《当哈利遇见莎莉》（*When Harry Met Sally*）有些微妙的相似之处。在这两个故事中，对于在正确的时间找到正确的配偶，时机都起到关键作用。生物学上的时间安排对于牛油果的性满足同样重要。事实上，要将美味的牛油果送到你的盘子里，时机一共发挥了三

① 至今仍可在线观看：*www.youtube.com/watch?v=9288uol1lwQ*。

种不同的作用。

牛油果花的性表达决定了它的浪漫困境。但是首先，让我们先温习一点繁殖生物学。除了单心皮雌蕊外，牛油果花的结构以3为基数。对于牛油果所属的樟科（Lauraceae），3基数的花是该科的标准。受精的牛油果心皮发育成一颗肥厚的果实，但它并不像香蕉和番茄那样是“浆果”。牛油果只有一粒种子。

079

按照植物学的分类，它们是核果（drupes，读“droops”）。常见的核果包括桃、杧果和油橄榄（都属于不同的科）。

樟科包括大约3000种乔木和灌木，大部分生活在热带（Heywood 等 2007）。除了牛油果，该科对厨房的其他少量贡献是烹饪过程中必不可少的。你的家里可能没有牛油果，但我敢打赌，如果你自己做意大利面酱并且偶尔烤南瓜派的话，你厨房里的香料一定包括做意大利面酱要用到的月桂叶（*Laurus nobilis*）和烤南瓜派要用到的肉桂［要么是味道温和的锡兰肉桂（*Cinnamomum verum*），要么是味道浓“辣”的普通肉桂（*Cinnamomum cassia*，即cassia），McGee 2004］。

樟科植物的花小，但并不特别小。春天漫步在开花的牛油果园中是一种美好而微妙的体验。牛油果花的香味有待音乐家创作“牛油果花特别曲”。牛油果花的直径约为0.4英寸。与我们认识过的番茄花和香蕉花相比更加低调，但它们仍然比大多数植物物种的花显眼。3枚绿白色萼片的大小、形状和颜色几乎与3枚花瓣相同，这给了植物学家又一个创造名词的机会。花萼和花冠几乎相同的花被的各部分不必分别称作花瓣或萼片，它们合称被片，数数看。取决于品种，一棵牛油果树最早可能秋天开花，最晚可以拖到仲春。但是推动这场浪漫剧的并不是开花的季节，而是演员如何——以及何时——采取行动。在这场编舞中奉献精彩演出的包括花本身和它们的授粉者。

080

牛油果的花是两性花，但它们是雌雄异熟的（Bergh 1973; Salazar-García，Garner 和 Lovatt 2013）。具体来说，每一朵花是雌蕊先熟的，也许你还记得第 2 章的描述，这意味着当两性花刚开放时，它们只表达雌性功能。一朵牛油果花开两次，每次持续数小时。第一次开的时候，绿色雌蕊直立并接受授粉，未成熟的雄蕊松弛软弱，花只有雌性功能。被片合拢。又过了几小时，等到第二次开放时，整朵花比上次大了 10%。雌蕊的柱头老化，不再接受授粉。但现在 9 枚成熟的雄蕊（内轮 3 枚，外轮 6 枚）已经直立并释放它们的花粉。这朵花的功能是雄性的。

现在来到有意思的部分了。

一棵树上的所有花在性的表达上是同步的。也就是说，当一棵树上的一朵花处于雌性阶段时，这棵树上每一朵开放的花都处于雌性阶段。当这朵花作为雄性再次开放时，这棵树上所有开花的花都是雄性。在植物生理的控制之下，整棵树在雌性和雄性之间转换。你可以说整株牛油果树是雌雄异熟的（Bergh 1973; Salazar-García，Garner，和 Lovatt 2013）。

在开花方面，牛油果树可以分成两种类型，不是雌性和雄性，而是 A 型和 B 型。由基因决定的 A 型树和 B 型树都拥有雄性和雌性功能，但这些功能在一天当中表达的时段是互补的。A 型树的开花周期约为 36 小时。一棵树早晨初开的花全部表现为雌性。让我们看看这批短命的花是怎样度过这段时间的。随着太阳升起并临近中午，花合拢了。它们会保持合拢 24 小时。另一批雌花在第二天早晨开放，但我们追踪的那一批花仍然是合拢的。在第二天下午，第一批花作为雄性再次开放（而第二批花此时是合拢的）。到傍晚的时候，这些花无论有没有授粉，都不再有积极的性活动。第三天早晨，第三批雌性花

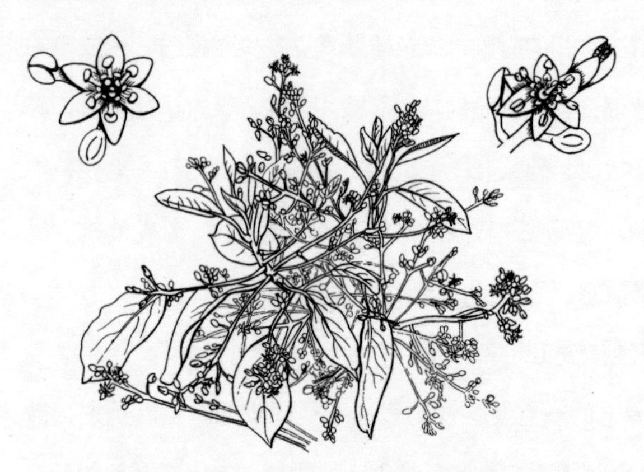

图 4.1　牛油果的开花和花的发育阶段。新发育枝条的末端在早春长出大量繁殖芽（中）。牛油果花的细节视图展示了雌性阶段（左）和雄性阶段（右）。每朵花拥有 6 枚长约 6 毫米的被片（又见图 4.2）。雌性阶段花（左）拥有直立的花柱和接受授粉的柱头。位于内轮的 3 枚退化雄蕊制造花蜜。花药尚未打开释放花粉。雄性阶段花（右）开放时 9 枚雄蕊全部直立并释放花粉，内轮 3 枚，外轮 6 枚。柱头不再接受花粉。

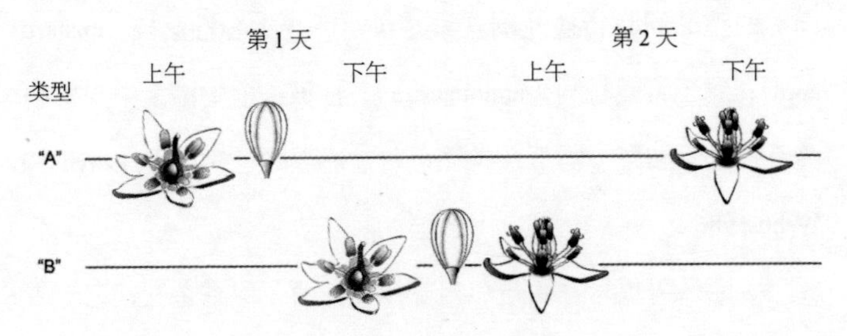

图 4.2　A 型和 B 型牛油果树的性表达时间线

开始新的循环。

B 型树的开花周期不到 20 个小时。每一批新的雌性阶段花总是在下午开花。它们在傍晚临近时合拢。第二天早晨，它们作为雄性再次开花。到中午时，它们就不再散播花粉了。第二批雌性花在当天下午开放。因此，当 B 型树表达雌性功能时，A 型树就在表达雄性功能——反之亦然（Stout 1923; Bergh 1973; Salazar-García，Garner 和 Lovatt 2013）。

082

让我们将这种生活方式拟人化，想象每天早上醒来是一种性别，下午小睡一会儿，醒来时变成了另一种性别。然后想象这种情况每天都在发生。最后，想象这种突如其来的变化是所有人的共同经历，一半人口早上是男的，另一半人口是女的。这种安排会为歌颂深夜酒吧罗曼史的某些乡村音乐赋予新的意义。在开花植物的世界里，这种性别转换很罕见。整棵植株每天从雌性变成雄性再变成雌性再变成雄性，循环往复，这种情况非同寻常，只出现在少数物种中。只有很少的其他食用植物有类似（但不相同）的整株同时转换性别现象，包括一些牛心番荔枝［custard apple；属于番荔枝科（annonaceae），在被子植物谱系中与樟科关系较近］和枣（属于亲缘关系非常遥远的一个科）（Lloyd 和 Webb 1986）。

083

牛油果树想尽办法避免自交授粉。为了促进杂交，它们首先表现为花内雌蕊先熟，然后表现为整树雌蕊先熟。然而，我们知道牛油果树是自交亲和的（Sedgley 1979）。可以将上一批花的花粉收集起来并在受控环境下保持其活力，对下一批雌性花成功进行人工授粉。但是别忘了达尔文（1876b）的格言："自然憎恶永久性自交受精。"这种性别转换在多大程度上阻止了自交受精？这套体系有多严格？成年牛油果树毕竟可以开一百万朵花（Bergh 1992）。如果发育过程出现摇摆，一棵牛油果树有可能通过两种方法自交受精，在单花内授粉（自花受精）或者在它的花朵之间传递花粉（同株异花授粉）。

由于牛油果性器官的时间安排，自花受精很罕见。牛油果的研究者曾经注意到，昆虫偶尔会造访合拢的花并打开它们以获得花粉或花蜜（如 Ish-am 和 Eiskowich 1993）。如果此时的花粉是有活力的，这种干扰会有助于自交受精。虽然关于牛油果花及其授粉的研究非常多，但我没有注意到任何研究曾确定自花受精以任何可感知的方式造成牛油果的坐果。

在大多数地区，牛油果的坐果都需要花粉传媒。昆虫是牛油果树的天然授粉者，这一共识至少适用于亚热带地区，如加州、智利、西班牙和墨西哥的米却肯州。下面这个在加州进行的早期简易试验描述了牛油果树对昆虫授粉者的强烈需求：两个品种的成年果树分别用笼子单独罩住，有的笼子里放一个蜂箱，其他笼子里不放。那些没有蜜蜂的树在这个收获季平均结了不超过 5 个果实。有蜜蜂的树平均结了 100 多个果实（Peterson 1955）。作为对比，成年果树的好收成被认为是每棵树 300 个或更多果实。

自花受精在牛油果热带产区可能是重要的，例如佛罗里达州和多米尼加共和国，但数据不清楚。佛罗里达牛油果研究者用包奶酪的棉布裹住生长着雌性阶段花和雄性阶段花的枝条，隔绝那些大得钻不过棉布孔洞的动物授粉者。然后他们发现这些花的柱头经常沾满花粉，尤其是在雄性阶段。但他们不能确定这些花粉是来自同一朵花，还是在风、重力或者经常造访牛油果的微小昆虫蓟马（thrip）的作用下来自同一枝条的其他花（Davenport 等 1994）。蓟马非常小，如果你将它们从头到尾排成一列，一打蓟马的长度也很难抵得上一只蜜蜂。它们小得足以钻过棉布，而且研究者在被裹住的枝条上观察到了一些蓟马。花粉的存在是否导致了成功的受精？很难说。被裹住的枝条结出的成熟果实平均还不到 1 个。

这并不令人惊讶。牛油果育种者和其他科学家已经了解到，如果他们小心地将有活力的花粉施加到雌性阶段的牛油果花上，每 1000 朵授粉的花只能结出不到 1 个成熟果实（Salazar-García，

Garner 和 Lovatt 2013）。在自然环境下，当花粉来到接受授粉的牛油果柱头上并造成受精后，得到成熟果实的概率十分渺茫。很多授过粉的花开始发育成果实，但大多数不能完成全过程。充分授粉的老树会自发落下数千甚或数万个未成熟的小果，这个过程主要发生在授粉后的第一个月。恶劣的天气会增加落果。果实发育期间的长期春寒很糟糕。更糟糕的是严重的持续高温。名为“富埃尔特”（Fuerte）的品种尤其容易落果，以至于还没长出种子的大一点的小果被收集起来供消费者食用。它们看上去就像大号的油橄榄或小黄瓜，偶尔出现在农夫市场上，以“鸡尾酒牛油果”（cocktail avocado）的名字销售（Salazar-García，Garner 和 Lovatt 2013）。

与自花受精相比，同株异花授粉更有可能发生。牛油果研究者曾在一棵树上观察到数量很大但比例很小的“错乱”花（Stout 1923），即出现在大量雌性花之中的雄性功能花，或者在大多数花转变为雄性时处于雌性阶段的花。这种不规律的模式尤其容易出现在经历寒冷或不稳定气温的果树上（Chanderbali 等 2013）。所以树内花间的自交受精是可能的，尽管发生的概率较低而且要有授粉者在场。

频繁造访牛油果花的昆虫包括许多蜂类物种，以及苍蝇、胡蜂、甲虫和（如上所述）蓟马。亚热带种植者常常将蜂箱放入果园，支援为他们的果树授粉的其他昆虫。在为牛油果授粉方面，在欧亚大陆西部驯化的蜜蜂似乎是最高效的（Salazar-García，

Garner 和 Lovatt 2013），尽管这种树原产中美洲，最初为它授粉的是多种野生新热带区蜂类（Can-Alonso 等 2005）。另外，蜜蜂并不是特别喜欢牛油果花，如果附近有其他营养源，往往会被吸引走（Ish-Am 和 Eiskowich 1998）。

A 型和 B 型性系统会让生长在商业果园里的牛油果树的爱情生活成为一种浪漫的向往。你心里的月老大叫："什么？"只要周围有一些授粉者，A 型树就能和 B 型树配对，反之亦然。确实，对于中美洲自然种群中的野生牛油果，交配不成问题。但你也发现了为什么栽培牛油果树会如此孤独。如今，在牛油果产业化种植中，A 型树面临着找到 B 型配偶的挑战，反之亦然，因为目之所及之处，这些果园里种植的都是单一交配类型。我们在这里面对着一个浪漫的谜团。你手里的那个牛油果宝宝是品种间幽会的结果，还是一棵孤独的牛油果树自力更生的结果？

正如产业化种植的香蕉一样，牛油果通过克隆的方式繁殖。与香蕉一样，牛油果也有一个最受偏爱的品种。与香蕉植株不同的是，牛油果的克隆涉及嫁接。对于牛油果，嫁接是这样完成的：牛油果的种子萌发并长出实生苗（就像你小时候做过的那样，但不必非得用牙签戳孔并放进一杯清水里）。实生苗最终会变成被嫁接果树的根系和下半部分树干，称为砧木。实生苗一旦长成，就从选中品种成年果树的分枝上切下一个芽或一段枝条，例如全世界目前最受欢迎的牛油果品种“哈斯”（Hass）。实生苗的树皮被切开，以容纳将要嫁接的芽或枝条，待嫁接的这些植物材料称为接穗。用嫁接胶带将接穗与实生苗固定在一起。只要操作得当，接穗和实生苗之间有亲和性，再加上一点运气的加持，它们就会生长在一起，合并维管系统，变成一棵植株。一旦接穗长成，抽出一根带叶片的新枝，就将哺育这根新枝的实生苗的顶部砍掉。这个过程会持续数周。由砧木哺育的接穗枝条经过整枝，成为树干顶端并生长出所有后续的分枝、树叶、花和果实。牛油果园的苗圃工人随时留意生长中的果树，剪掉偶尔从砧木上长出的不定枝，保证所有分枝全部来自接穗。这棵树就像两块上下拼合的乐高零件，最终各自的组织合而为一，与对方牢牢地粘在一起（Ernst，Whiley，和 Bender 2013）。在上述体系下，每个牛油果砧木都是有性繁殖产生的个体，是彼此不同的。但接穗全都是来自一棵母株的克隆。

对于牛油果商业种植者，如香蕉商业种植者一样，单一基因型在一个种植园内的均一性有立竿见影的好处。所有果树都能以同样的方式管理。即使生长在遗传上彼此不同的砧木上，但是与直接使用来自有性繁殖、基因型各不相同的种子种植的果园相比，单一接穗品种制造的产品均匀一致得多。受欢迎的母本食用植物常常以砧木 - 接穗组合的方式进行繁殖。不只是牛油果品种，“澳洲青苹”（Granny Smith）、华盛顿脐橙、“赤霞珠”（Cabernet Sauvignon）葡萄、“契卡索”（Chickasaw）美洲山核桃和西班牙著名的“皮夸尔”（Picual）橄榄都是通过无性手段得到的接穗，生长在基因型不同的砧木上。对于牛油果，无性繁殖在一百多年前就已经认认真真地开始了。

克隆砧木可以提供更多基于遗传的一致性。某些柑橘和柑橘近亲物种经常会结出无融合种子，这些种子通常会成为柑橘接穗的砧木（Wutscher 1979）。近几十年，克隆牛油果砧木已经在某些国家流行起来。创造克隆牛油果砧木需要进行两次嫁接，使用三层材料：通过有性繁殖产生的砧木，克隆中间砧，以及克隆插穗。一旦克隆中间砧在实生苗砧木上长成，就对它进行处理，让它自动生根而不是长出额外枝条。然后将克隆接穗嫁接在中间砧上。最下面的一层，也就是哺育中间砧的实生苗砧木，最终被完全去除，留下中间砧作为克隆砧木（Ernst，Whiley 和 Bender 2013）。想象从下到上堆积起来的三块乐高零件，上面的两块搭好之后，去除最底部的那块。

除了增加牛油果园的均一性，克隆砧木还可以提供其他好处。选择一种克隆砧木常常是因为它的基因型会带来对接穗易感染的某种病原体的抗性或耐性。疫霉根腐病菌（*Phytophthora*）是十多个国家的牛油果产业面临的主要威胁，如今通过发现和采用耐性克隆砧木，这个问题已经逐渐得到解决（Coffey 1987）。[想了解关于砧木和嫁接的更多知识？最近 Warschefsky 等（2016）发表在《植物科学动向》（*Trends in Plant Science*）的一篇浅显易懂的文章有许多关于嫁接植物的有趣事实和有用的信息。]

089

让我们回到那些参与牛油果性生活的无性繁殖插穗上。同一品种的所有插穗都是同一基因型。如果母株是 A 型，那么它的所有无性子代、孙辈和重孙辈也是 A 型。正如营养繁殖的香蕉一样，一个牛油果接穗品种的所有分离个体实际上都是一个庞大、分散遗传个体的“碎片”。如果一个种植商种下的果园都是同一个 A 型品种，那么这个果园里的任何一棵树都将被相同交配类型的树包围。果园里的所有树都同步开花。一只授粉昆虫必须飞得很远才能找到一棵 B 型树。在这种情况下，孤独的克隆繁殖牛油果树不但要克服花内雌蕊先熟和树内性表达同步的挑战，它还必须克服它分散个体的性表达同步的挑战（Ellstrand 1992）。

B 型插穗品种“富埃尔特”，是 20 世纪中期牛油果商业种植的首选树种之一。1911 年，从墨西哥普埃布拉州的一棵实生苗果树上取下的一些芽被运输到加州。当带有这种基因型的嫁接果树（一开始命名为“15 号”）经受住了加州 1913 年的严寒灾害后，它们被重新命名为“富埃尔特”（Fuerte，在西班牙语中的意思是“耐寒”或“强壮”，Shepherd 和 Bender 2002）。也许它的果皮有点薄，需要小心拿放，但“富埃尔特”有很多优点。它的味道和质地超凡脱俗。“富埃尔特”被一些牛油果狂热爱好者认为拥有所有品种中最好的味道。搭配这种好味道的是深绿色的漂亮梨形果实。种植商为什么会想种任何别的品种？问到点子上了。20 世纪中期牛油果种植商热爱属于 B 型的“富埃尔特”——也许爱得太过头了。很多人除了“富埃尔特”之外什么也不种。在此之前，种植牛油果的农民试验了很多品种，既有 A 型的也有 B 型的。“富埃尔特”是第一个商业化的全球重要品种。

直到 1950 年，牛油果的性产生的挑战仍然没有得到广泛理解，不过纽约植物园实验室主任阿洛·斯托特博士（Dr. Arlow Stout）在 1923 年造访加州之后首次记录了牛油果花有趣的性（Stout 1923）。因此，大规模种植商迅速采用了“富埃尔特”，丝毫没有担心配对的问题。如果某位种植商是经验主义者，那么对于他的 B 型“富埃尔特”，距离最近的 A 型配偶会被种在旁边。但是对于一心只想多挣钱的种植商，种植任何不是“富埃尔特”的树都意味着收入不能最大化。对于这些只种植“富埃尔特”的雄心勃勃的种植商，距离最近的 A 型树，如果幸运的话，会在下一个农场。但是由于只种植“富埃尔特”的果园变得越来越常见，而且考虑到许多其他牛油果接穗品种和“富埃尔特”一样也是 B 型（见表 4.1），最近的 A 型树可能在下一个镇区。只有一个同步开花的克隆主宰局面，找到其他类型的配偶是很困难的。并不令人吃惊的是，不久之后一些“富埃尔特”种植商就开始认为他们的果园本应该有更好的坐果率（Hodgson 1947）。

表 4.1　某些牛油果品种的交配类型

A 型	B 型
“绿金”（Green gold）	“培根”（Bacon）
“格温”（Gwen）	“艾德兰诺”（Edranol）
“哈斯”	“埃廷格”（Ettinger）
“兰姆哈斯”（Lamb Hass）	“富埃尔特”
“卢拉”（Lula）	“纳巴尔”（Nabal）
“麦克阿瑟”（MacArthur）	“王后”（Queen）
“平克顿”（Pinkerton）	“女王”（Regina）
“里德”（Reed）	“沙威尔”（Sharwil）
“托帕托帕”（Topa Topa）	“祖塔诺”（Zutano）

这个问题是因为缺少合适的配偶引起的吗？在当时的科学界，杂交授粉在牛油果坐果中的作用是有争议的。上文提到的牛油果性学家斯托特博士（1923）呼吁间植 A 型树和 B 型树，以互补花粉来源，优化坐果率。但是其他专家断然宣称品种间授粉和坐果毫无关系。加州大学的牛油果研究员鲍勃·伯格（Bob Bergh）和唐·古斯塔夫森（Don Gustafson）在他们 1958 年的研究综述中总结了这些持怀疑态度的言论：

091

> 根据 Chandler（1958），p.213，“无论是（大片）成群种植还是作为一棵独立果树用于混合种植，‘富埃尔特’的结果状况看上去都是一样的。就算杂交授粉能够增加它的产量，

这种增加的力度也非常小，难以在其他影响造成的结果中分辨……”更早之前，Hodgson（1930），p.65 曾经写下类似的论调：“……在本州，还没有出现过任何事例能够表明，杂交授粉以可测量的程度增加了一棵果树或者大片种植的单一品种的结果规律性或者产量……”

间植还是单一品种果园？很显然，来自良好试验的结果可以帮助种植商决定怎样最好地种植他们的果园。但是对于需要几年才能结果的树，要怎么做这种试验呢？

在回答这个问题之前，必须指出牛油果坐果面临的第二个时机问题，这个问题很可能模糊了找到配偶的影响。作为一种甚至会出现在某些野生树木中的自然过程，大小年结果是水果和坚果果农的烦恼之源：从苹果到杏，从美洲山核桃到阿月浑子（pistachios），从油橄榄到橘子，大小年结果指的是一年高产量（坐果数量丰富的大年）与一年非常低的产量（几乎不坐果的小年）交替持续，以两年为一个周期的循环。当一棵果树在刺激下产生极少或极多数量的花或果实时，这个循环就会开始。一旦开始，大小年结果的模式就会固定下来，直到发生下一次刺激，重启新的大小年结果循环。

大多数牛油果品种容易出现大小年结果的现象。设想一批同时达到繁殖年龄的年轻牛油果树，它们年复一年的坐果可能是比较稳定的，直到这些树被某种外界刺激，例如一场冻害侵袭，没有杀死这些树，但是造成的压力让它们掉落了大部分果实，产生了一个小年。接下来的一年是大年，再接下来的一年是小年，等等。大小年结果之所以发生，是因为挂果数量和为下一年制造的繁殖芽的数量之间存在以生理学为基础的负相关关系。环境压力造成的小年会让繁殖芽的数量大大增加——然后这个循环就这样被设定下来（Salazar-García，Garner 和 Lovatt 2013）。

2007 年的加州严重冻害过去一个月后，我从内地的圣巴巴拉县驾车驶上美国 101 高速公路，穿越圣路易斯奥比斯波县，沿途全都是变黑的牛油果树。该地区 2007 年的收成损失了大约一半。时任总统乔治 · W · 布什宣布这些农业损失是一场重大灾害（Carman 和 Sexton 2007）。

当损害达到地区性规模时，所有果园都同时重启大小年结果循环。因此，整个地区的果农不只是在这个冻害年份承受损失，他们在未来的年份还会共同承担痛苦。他们的所有果园都开始交替式地大小年结果。地区性大小年结果的经济后果非常严重。在一个地区遭受同一场冻害的牛油果园变得步调一致，在小年产量极低，此时牛油果供应稀少，价格很高；下一年的产量超高（大年），但是因为所有人都获得大丰收，此时的价格低得可怜。当某个大面积区域遭受大小年结果的困扰，除了大年的消费者，供应链上没有任何人能够受益。

对于“富埃尔特”，大小年结果尤其容易造成麻烦。这个品种不但对环境压力非常敏感，而且只需要第一年的好收成就足以开启大小年模式（Hodgson 1947）。大小年结果至今仍是牛油果种植者面临的问题，但科学家正在开始为果园经理提供一些控制结果量的策略，从调整收获时间到使用植物生长调节剂（一开始叫植物激素）（Whiley，Wolstenholme 和 Bender 2013）。

强烈的大小年结果现象挫败了衡量其他因素对坐果产生的影响的尝试。在某些小年，产量接近于零，以至于根本不可能衡量品种间授粉对坐果的影响。其他因素也会模糊两者的关系，例如授粉者可得性、灌溉不足或者不同砧木基因型的影响造成的坐果差异（Whiley，Wolstenholme 和 Bender 2013）。难怪有勇气收集数据，试图在对牛油果坐果差异产生影响的其他因素中弄清 A-B 授粉效应的牛油果科学家如此之少。

然而，这个问题是可以检验的。如果品种间授粉在促进坐果方面发挥着重要作用，那么与不杂交的果树相比，与其他品种杂交的果树应该有更高的坐果数量。在理想情况下，如果可以推断出相对的父本贡献，那么牛油果杂交和坐果之间的关系就可以得到检验。20 世纪中期的牛油果研究者使用巧妙的办法解决了这个问题。例如，鲍勃·伯格和他在加州大学的同事研究了若干牛油果园，“富埃尔特”与 A 型品种的种植距离在这些果园里各不相同（例如在其中一个果园里，A 型品种“托帕托帕”被当作防风林种植）。他们推断，与另一种交配类型的较短距离会增加品种间浪漫史的机会。他们发现和 A 型品种最近的“富埃尔特”通常比距离 A 型品种更远的“富埃尔特”产量高（平均高出 40%），产量常常随着距离增加而降低。在另一项试验中，他们人为控制果树，进一步缩短了杂交距离。他们将一系列不同 A 型品种的枝条嫁接在不同的“富埃尔特”果树上，连续 6 年记录嫁接果树的坐果情况，并与未嫁接的对照进行比较。在大多数情况下，与未嫁接的果树相比，经过嫁接的“富埃尔特”果树的坐果数量增长剧烈（Bergh 和 Gustafson 1966）。伯格（1968）在回顾这些数据的文章中，在第一段直白地总结了这些结果（我将暂时不引用他的第二段，因为那一段放在本章末尾尤其有意义）：

> 现在必须承认一个事实，当附近有其他品种的花时，牛油果树的坐果数量更多。我们是怎么知道的？从对比果树上的果实数量看出来的。

故事结束了吗？

095

总的来说，这些数据集强烈支持杂交和坐果在牛油果中的关系，但是它们并没有直接测量嫁接果树或者那些毗邻其他品种的果树上的果实是否真的是品种间杂交的结果。其他某种因素造成了观察到的差异，这总是有可能的。例如，会不会是嫁接刺激了坐果？要得到更清晰的答案，需要能够确定一个果实的父本。

在高中的拉丁语课上，我学到一个说法“*Identitatus patris incertus semper est*”，意思是“父亲的身份总是不确定的”。根据我的记忆，教给我这句的是一个同学，而不是老师。这样才合乎逻辑，因为这不可能是1960年代的课堂上会分享给学生的东西。所以让我们将这句话归功于这位同学（现在是一位植物学教授，谁说植物学家没有幽默感来着）。无论古罗马人有没有这种说法，它要表达的意思是清晰的。你可以相当确定一个孩子的母亲是谁，尤其是在分娩的时候。而在这个时候，孩子生物学意义上的父亲可能早就跑得远远的了。对于开花植物的种子，这个说法甚至更加准确。种子隐藏在挂在树上的果实中，它与自己的母亲相连，被母亲的组织包裹。要想确定父本，得进行遗传分析，比较母本植株、子代和若干可能的父本。使用对应足够多的基因的足够多的标记，遗传学家可以通过对比种子基因型及其可能亲本的基因型进行亲本分析，从而找出那些父本和母本品种的基因型不同的种子。20世纪70年代末，终于出现了能够同时使用成熟组织和种子的基于基因的标记。

分析程序相当直截了当。首先，获取一粒种子及其母本的多基因谱。牛油果母本也是一个可能的父本。所以遗传学家也会检测所有其他可能的父本品种。科学家减去母本对种子的遗传贡献，剩下的贡献来自父本。将该基因型与潜在父本进行对比，排除某些潜在父本品种的可能性。如果有足够的信息，名单上只会剩下真正的父本。这种方法和人类用在儿童身上的亲子鉴定的方法基本相同。至于牛油果，这种基因分析还能鉴定母本（或者母本在果园中的克隆姊妹）也是父本的情况（注意牛油果可以进行3种有效的自交：自花受精，同株异花授粉，以及品种内树间杂交）。

牛油果的首次亲本检测的实施者是米歇尔·维利西纳尔-加杜斯（Michelle Vrecenar-Gadus），加州大学河滨分校（UCR）的一名研究生。就像之前的同校的鲍勃·伯格一样，她用自然试验进行自己的工作。她找到了位于同一座加州牛油果农场的两个相似果园：一个果园里种的全部是品种“哈斯”；在另一个果园里，一排“哈斯”（A 型）与一排“培根”（B 型）间植。她对每个果园里的“哈斯”果树取样，估算结出的成熟果实的数量。然后她从每棵树上收获 10 个果实，从遗传上分析果实中的种子，然后

将种子的基因型与母本“哈斯”及潜在父本“培根”进行对比。并不令人意外的是，混合种植果园的产量比单一种植果园高得多。在混合种植果园中，几乎 90% 的“哈斯”果实以“培根”果树为父本，其余果实的父本是“哈斯”果树。在所有被抽样的果树中，产量都随着品种间杂交率的增加而增加。但是树与树之间的产量差异非常大，以至于杂交率只能解释大约 10% 的产量差异。令人吃惊的是，单一种植的“哈斯”果园生产的杂交果实比例相当大，约为 42%。考虑到最近的“培根”果树与这个果园的距离超过 260 英尺，这些果实的数量真的很多。总体而言，无论是在混合种植还是单一种植果园中，杂交都对果实的父本来源做出了重要贡献（Vrecenar-Gadus 和 Ellstrand 1985）。

接下来，牛油果种植国家的众多科学家进行了七八次研究。大多数研究发现杂交和产量之间呈正相关关系，但是这些研究的

结果差异相当大。对于部分研究，这种关系无论是在统计学上还是在经济学上都很重要（如 Degani，El-Batsri 和 Gazit 1997）；对于另一些研究，并非如此（如 Garner 等 2008）。规模最大、内容最全面的研究是加州大学河滨分校迈克尔·克莱格（Michael Clegg）实验室的玛丽莲·小林（Marilyn Kobayashi）领导的（Kobayashi 等 2000）。这场杰作对将近 2400 颗“哈斯”种子进行了遗传分析，它们的收集历时 4 年，来自分布在加州两个不同气候区的 7 个果园。该团队使用了与此前研究有关的大量遗传标记，不仅足以区分自交种子和杂交种子，还足以辨别 4 种可能的父本：来自“哈斯”的自交，以及来自“富埃尔特”“培根”和“祖塔诺”的天然杂交。整体上，他们发现一棵果树的杂交率与其果实产量显著相关。更仔细地检查数据之后发现，这种趋势是 4 个海滨果园当中的 3 个驱动的，它们展示出强烈的影响（解释了大约 25% 的产量差异）。对于其余 4 个果园，杂交率和产量之间存在正相关关系，但在统计学意义上并不显著。

与你在学校里学到的相反，科学并不总是整齐划一的。研究建造的大厦总是需要某些工作。牛油果的性和产量之谜是科学界尚未达成普遍共识的谜团之一。半个世纪前，鲍勃·伯格精准地找到了与牛油果浪漫史之谜相关的科学的不整齐性。现在来阅读他 1968 年关于杂交和牛油果坐果的评论的第二段：

> 这也许不适用于所有品种。而且这也许不适用于所有牛油果产区。而且对于既定品种，这也许不适用于所有年份——实际上我们发现杂交授粉的影响在不同年份差异很大。

在得出关于所有这些科学数据对性和单一牛油果的意义的最终结论之前，我们需要解决一个你现在可能要问的问题：为什么最近这些使用遗传标记的研究如此专注于“哈斯”，而不是“富埃尔特”？到19世纪80年代时，“哈斯”的产量已经让“富埃尔特”相形见绌了。如今全世界牛油果行业大约90%的产量来自“哈斯”（Schffer，Wolstenholme和Whiley 2013）。“富埃尔特”怎么了？原因部分在于牛油果的第三个也是最后一个繁殖过程中的时机问题。具体地说，牛油果在什么时候才算成熟？回答这个问题并不容易。对于某些物种，如果果实看上去足够好吃，它实际上就熟了，而对于其他物种例如牛油果，美丽的外表可能非常肤浅。

099

思考下面这个故事，但不要在家尝试这样做。一个年轻的植物学家匆匆忙忙地在早高峰时段赶往一处大学农田试验站。为了早点上路避开最拥堵的时段，他没有吃早饭。抵达目的地之后，他从车里跳出来，面前是种类繁多的亚热带果树——几十个品种的牛油果、毛叶番荔枝、夏威夷果、番石榴、猕猴桃和柿子。

该干活了，任务是收集毛叶番荔枝的数据。

但他饿了。饿着肚子干了半天活，他在正午的阳光下走近柿子树。他感到自己饥饿的胃抽搐着收缩了一下，他的思绪转移到路边那些饱满的果实上：

为什么不从树上抓个柿子当零食吃呢？等等，柿子品种不是需要在采摘后熟化么？有些品种需要。但是其他品种摘下来就能吃。上周还在西夫韦超市买了个富有柿（Fuyu），那个品种就不需要摘下来熟化。它长什么样来着？有点方，像扁平的南瓜。这儿有一个看上去像是富有柿，我觉得。像南瓜一样的橙色，形状也有点像南瓜。大小也对得上。确定吗？很难说。我没有这一片的种植图。噢，我的胃又抽搐了。那天买的那个富有柿又脆又甜，像苹果一样。为什么不尝一口呢？

他的头猛地向后一缩。嘴唇、舌头和上颚传来一阵强烈的感觉，那是引起蛋白质变性的单宁造成的。涩得要命，并不是疼痛，而是瞬间的麻木，并且导致剧烈的干涩感，就像是极浓的红茶或太生的“赤霞珠”葡萄造成的一样，但是程度强烈得多，这样的比较就像是将轻轻拍打脸颊和被挥舞的棒球棒击中相提并论。过了几分钟，火警般的感觉才逐渐消退，没有留下任何持久的影响。

一个小教训。啊，有些品种看上去像富有柿，但表现得像蜂屋柿（*Hachiya*）!

他再也没有犯过这种错误。

我就是那个年轻的科学家。

只是因为一个果实看上去可以吃，并不意味着它真的就可以吃。著名的蜂屋柿必须先摘下来，然后让它熟化到像汤汁一样黏稠，这时再吃就没有一丝涩味。没错，富有柿从树上摘下来就可以吃，但是其他看上去很像富有柿的品种——那片柿子树里就有几个这样的品种——必须先在成熟后摘下，然后再适当地熟化，就像蜂屋柿一样。

成熟？成熟和熟化之间是什么关系？我们都知道，如果我们买了一串葡萄或者一个橙子，它们都是马上可以吃的。这是因为这些水果来自成熟和熟化同时发生的物种。对于这种水果，例如苹果，到了适当的时间点，你可以将果实从植株上摘下，马上吃掉。如果你过早摘下一个苹果或橙子或者一串葡萄——也就是没熟的果实——它们常常看上去不对劲儿，而且味道当然也不会好。

我们知道香蕉是不一样的。通常，当你将这种水果买回家的时候，它是不熟的。等待几天，香蕉熟化，变得可以食用。我们在过去几十年中了解到，对待一个不熟的坚硬的番茄，应该像对待不熟的香蕉一样。对于不熟果实可以在离开母体之后熟化的物种——例如香蕉和番茄，专业术语是跃变型［climacteric；想想“climax”（高潮）］果实。与之对应的是摘下就可以吃的非跃变型果实，苹果、葡萄和橙子。著名的跃变型果实包括杏、猕猴桃、油桃和桃。有时同一个物种之内也会出现差异。我们现在都很清楚，一些柿子品种是跃变型的（蜂屋柿），其他一些柿子品种是非跃变型的（富有柿）。跃变型果实在收获之前必须发育成熟，否则它脱离果树之后永远也不会恰当地熟化。过早采摘的未成熟果实也许看上去好吃，但会造成麻烦。某些果实在未成熟时采摘下来并经过处理，会经历名为假熟化的过程。在正确的处理下，有些种类表现得很好，但有些种类会是灾难。在一月份吃汉堡时，你肯定品尝过这样一片颜色鲜红的番茄：它的味道还不如汉堡的塑料外包装，口感倒是别无二致。对于那些坐下来等待未成熟梨子、杏还有牛油果熟化的人，不会有好事发生。

牛油果是一个跃变型物种。采摘未成熟果实对不同品种造成的后果也不尽相同。牛油果狂热爱好者 B. H. 沙普尔斯夫人（Mrs. B. H. Sharples）在 1919 年的描述也许说得最好：

> 大自然决定为赐予人类的这个精选礼物穿上肃穆的服装，而大众购买牛油果，不是因为它的外表赏心悦目，而是听从某位朋友的建议，或者因为他曾经亲自体验过品尝最佳状态的熟牛油果带来的快乐和满足。
>
> 不成熟的牛油果没有半熟草莓的淡淡红晕吸引购买者的眼球，没有绿橙子诱人的“汗金”，也没有不熟柿子火焰般的色泽。

> 在这样的引诱之下，容易上当的人总是一次又一次地购买这些酸、涩、令人失望的果实，因为他从内心深处相信美不可能是假的，但是一只过早地进入市场的寡淡无味的牛油果会让他警惕其他值得享用的牛油果能够呈现出的最诱人的外表。
>
> 对于某些牛油果品种，未成熟果实在离开果树之后均匀熟化，以非常好的状态出现在大众面前，但这只是就外表而言。平淡、稀薄的味道或者“黄瓜味”是它采摘过早的证据。
>
> 102
>
> 对于其他品种，果皮呈现出枯萎起皱的外表，而果肉均匀熟化，就像在完全成熟的果实中一样。还有一些品种过早采摘后永远也不会熟化，几天之后就会变成革质，坚硬得无法食用。

在最好的情况下像寡淡的黄瓜，在最糟糕的情况下像无法入口的坚硬橡胶——未成熟的牛油果真是令人难忘。而且沙普尔斯夫人说得很对：“过早地进入市场”的牛油果会毒害市场。

果实的过早收获和不成熟与“哈斯”的兴起和“富埃尔特”的衰落有什么关系呢？到19世纪60年代末时，寻找全球市场的牛油果种植商和批发商需要一个个果皮厚得足以经受长途运输（可能是洲际运输）的品种。为了避免与产量巨大且广受欢迎的“富埃尔特”竞争，他们还在寻找可以在“富埃尔特”收获季之前或之后上市的品种。在一些人眼中，品种“哈斯”似乎是理想的，它的果实拥有厚但易于剥下的果皮。“哈斯”的果期和“富埃尔特”有所重叠，但仍然比“富埃尔特”晚很多。种植商可以通过将果实留在树上“储存”成熟的“哈斯”果实。在这一年的最后一批“富埃尔特”果实已经掉落在地上，被牛油果农场主的狗品尝过之后，“哈斯”的果实仍然可以收获。鲍勃·伯格（1968）甚至建议可以将A型的“哈斯”与B型的“富埃尔特”间植，通过风流韵事提高“富埃尔特”的产量。但是对于其他人而言，“哈斯”有一个不可原谅的缺陷，这个缺陷严重得只有父亲对自己孩子的爱才能让最初的“哈斯”果树免遭刀斧加身的命运。

103

和它之前的“富埃尔特”一样，“哈斯”最初也是实生苗。当加州邮递员鲁道夫·哈斯（Rudolph Hass）在1926年购买这些实生苗当作“富埃尔特”的砧木时，他肯定想不到其中一株会成为世界牛油果产业的未来。事实上，它是这三株实生苗中唯一拒绝接受“富埃尔特”插穗的一株。哈斯让这棵实生苗继续生长，但是没有管它，任其自生自灭。事实上，哈斯先生认为它的果实看上去令人兴味索然。与“富埃尔特”广受欢迎的光滑绿色梨形果实不同，这种实生苗的成熟果实不但果皮疙疙瘩瘩并且呈黑色，而且在熟化时会变成紫黑色。当他的孩子们恳求他（“你一定得尝尝，爸爸！”）给这种手雷形状的果实一个机会时，奶油质感的坚果味道（含有18%的脂肪）改变了他的主意。它极为漫长的果期起到了同样的效果。用自己的名字为这个品种命名之后，哈斯在 1935 年得到了一项美国植物专利，并尝试进行商业化推广（Shepherd 和 Bender 2002）。

这种一开始令哈斯先生兴致全无的丑小鸭果实对消费者同样有拒人于千里之外的效果。就外表而言，“哈斯”正是“富埃尔特”的反面。实际上，消费者非常清楚的是果皮变成黑色的“富埃尔特”是腐烂的“富埃尔特”。当时的所有主要品种也都是绿色的，除非腐烂才会变成黑色。只有“哈斯”是与众不同的黑色（并且被认为已经腐烂了）。你可以想象得到，伯格将“哈斯”与“富埃尔特”间植的建议受到了一些嘲笑。

当“哈斯”作为后“富埃尔特”精选品种面临强烈的反对时，牛油果产业还在寻找填补前“富埃尔特”市场的品种。加州种植商尤其有动力找到一种开启牛油果收获季的果实。收获季的第一批上市果实可以卖出最高的价格，因为此时竞争非常小，而需求非常大。看到来自佛罗里达的鲜绿色“卢拉”在秋天成为加州的精选牛油果品种，一定会让加州人感到恼怒。“培根”“祖塔诺”和“平克顿”被认为是秋末冬初的前“富埃尔特”候选品种。结果，某些厚颜无耻的加州种植商将未成熟的绿色果皮品种提前投入市场，特别是在消费者对牛油果相对陌生的中西部地区。绿色果皮的“培根”或“祖塔诺”果实，成熟后采摘并以适当手段熟化之后，是优质牛油果。但是在 19 世纪 70 年代末和 19 世纪 80 年代初的 9 月和 10 月采摘和上市的未成熟“培根”是可怕的，它们只能部分“熟化”，表现为不均匀的橡胶质感，勉强可以吃，但一点都不好吃。即使是伊利诺伊州的消费者对它们也不满意。

在那个时代，秋天基本上是牛油果的荒漠。几个月没有牛油果的日子之后，新收获季的第一批果实为消费者的感知奠定了基调。市场上足够多的未成熟“培根”和“祖塔诺”迅速让消费者得到了教训，开始对绿色果皮的牛油果敬而远之。几个月后，当“富埃尔特”终于收获上市时，它们也遭到了冷遇。未成熟的绿皮牛油果毒害了市场，并无意间废黜了“富埃尔特”牛油果之王的地位。毕竟，只有经过训练的眼力才能分清果皮都是绿色的品种。

但是当“哈斯”在晚些时候上市时，它的外表看上去足够不同，消费者很可能愿意给它第二次机会，毕竟很多人记得牛油果曾经味道不错。一年又一年，人们对绿色果皮品种的偏好逐渐转移到果皮黝黑好似鳄鱼皮的“哈斯”。绿色果皮品种毫无机会，较早采摘的“哈斯”足以啃下“富埃尔特”供应季的一大块市场。既然消费者不想买“富埃尔特”，那么“富埃尔特”的种植商就会决定去种植“哈斯”。随着消费者更加熟悉“哈斯”，绿皮品种——“富埃尔特”“培根”“祖塔诺”“平克顿”，等等——深受其害。实际上，由于“哈斯”可以在收获之前一直保存在树上，所以它可以等到夏天过去，秋天再收获上市。“哈斯”同时成了前“富埃尔特”和后“富埃尔特”精选品种。最后一批过熟

"哈斯"果实也许已经乌黑发亮，有点衰老萎缩，但和秋季上市的未成熟绿皮品种相比，味道仍然不错（在树上积累了很高的脂肪含量）。一棵果树可以在大半年的时间里生产品质优秀的成熟"哈斯"牛油果。此外，当本地"哈斯"过季之后，可以从果期不同的其他地区运输这个品种的果实（对于美国，这个地方常常是墨西哥）。

全球牛油果产业如今由一个品种主导。这种主导地位远远不如全球香蕉产业中的"卡文迪什"。不过，全球牛油果产业巨头墨西哥生产的主要是"哈斯"（Flores 2015），新西兰和肯尼亚也一样。在加州种植的牛油果 95% 是"哈斯"。这种果实是北美和西欧消费者的最爱。[①] 大多数种植商、批发商和零售商欢迎这种转向单一基因型的变化。毕竟我们已经从香蕉身上了解到，与多样化品种相比，单一品种更容易种植、包装、运输和满足市场对一致性的要求。

剩下的地区是其他品种的天堂。东欧仍然喜欢绿色果皮的品种。阿根廷人中意个头硕大的"托雷斯"（Torres；一个果实几乎能做两磅牛油果色拉酱）。对于追求多样性的美国美食达人，仍然有可能找到"哈斯"之外的品种。夏末，一些商店和某些农夫市场供应一种大小和形状与垒球相仿的绿皮牛油果。这个品种名

① 见"全球牛油果市场概览"，www.freshplaza.com/article/156557 /OVERVIEW-GLOBAL-AVOCADO-MARKET；以及"'哈斯'母树"，www.avocadocentral.com/about-hass-avocados/hass-mother-tree。

叫“里德”（Reed）。我从未遇到过任何一个我不喜欢的“里德”。“祖塔诺”“培根”“富埃尔特”和其他品种仍然在美国和其他地方生长。作为美国牛油果产量第二大州，佛罗里达生产果皮绿色有光泽的西印度群岛亚种。这个类群，例如挑逗唇舌的“卢拉”，非常适宜亚热带和热带气候。另外一个值得重视的牛油果出产州是夏威夷，它的产量远远落后于加州和佛州，但是有很多适合当地的新奇品种，都被本地人和数量丰富的游客吃掉了。[牛油果和其他美国农产品的数量可登录全美农业统计服务中心（National Agricultural Statistics Service）网站 www.nass.usda.gov 查询，它相当于我在第 3 章提到的联合国粮农组织数据库网站的美国版。]

总而言之，对于全球市场而言，“哈斯”是一种易于运输的中期果实，一开始遭受怀疑，最后大受欢迎。在北美，随着绿色果皮品种的失宠，采摘较早但足够成熟的“哈斯”在“富埃尔特”的一大部分收获季中取代了它的位置。与此同时，消费者发现较晚收获、非常成熟的加州和其他地方运输过来的“哈斯”比那些很早就收获的未成熟“培根”好吃得多，后者有一股腐烂的味道，而且吃起来嘎吱作响。于是，等到遗传标记可以用于杂交研究的时候，人们已经没有兴趣研究杂交和“富埃尔特”产量之间的关系了。

让我们回到关于牛油果浪漫史的谜团上来。

牛油果的坐果情况在不同的果树和不同的果园之间存在巨大

差异。大多数牛油果科学家承认杂交对产量有较小但正面的影响 107（大约 10%）。研究发现，杂交和产量之间最强烈的关系出现在紧邻不同交配类型品种的母株上。要想让每棵树的产量大大提高，很可能必须每棵果树旁边都种植类型不同的树作为“授粉者”，也就是花粉来源（Salazar-García，Garner 和 Lovatt 2013）。

种植商不愿意用非“哈斯”授粉品种取代一棵“哈斯”果树。“哈斯”果实在全球市场上的价格较高。如今的观点是，在间植果园中，“哈斯”果树增加的产量不足以弥补用滞销绿皮 B 型授粉品种取代大量“哈斯”果树带来的损失（Salazar-García，Garner 和 Lovatt 2013）。从产业化种植商的角度看，间植是不划算的。但是从这种树的角度看呢？自交授粉和杂交授粉真的是半斤八两吗？在牛油果中，达尔文的格言错了吗？很显然，牛油果树使尽浑身解数，一心要和与自身基因型不同的个体交配。单花的性表达时机抑制花内自交。整棵树的性表达的同步性抑制树内自交，以及同一品种基因型相同的果树之间的自交。这一切在产业化的“哈斯”果园中都毫无意义吗？

我们已经完成侦探工作了吗，又或者我们忽视了牛油果浪漫生物学的某样东西？到目前为止，我们只讨论了果树上成熟果实的父本身份。这个方法假设父本基因型的比例在受精之后不发生变化。也就是说，一开始的杂交率等于根据成熟果实测量出的杂 108 交率。但是我们知道，每一个成熟的果实的背后都有大约 1000 个已经掉落的受精果实。我们收获的成熟果实的父本模式是不是不同于受精时的父本模式呢?

以色列农业研究中心的牛油果研究者什穆埃尔·加齐特（Shmuel Gazit）、切美达·德加尼（Chemda Degani）和他们的同事使用遗传标记比较了脱落小果实的父本和生长到收获的果实的父本（Degani et al. 1986; Degani，Goldring 和 Gazit 1989; Degani，El-Batsri 和 Gazit 1997）。脱落小果实中种子的父本和成熟果实中的种子的父本是不同的。他们发现杂交果实更容易留在果树上。在一项研究中，所有在发育一个月后脱落的果实中，不到四分之一是与不同品种杂交的结果，但是在成熟果实中，84% 是品种间杂交的结果。因此，牛油果树不但拥有避免自交受精的开花时间机制，而且一旦受精完成，它们还会以成千上万自交胚胎的生命为代价，提高杂交胚胎的比例。这些以色列科学家报道称，同基因型内的受精拥有高得惊人的发生率，但是这些果树通常更喜欢脱落自交胚胎，这会大大增加基因型间杂交在成熟种子中的比例，导致高比例的杂交出现在成熟果实中。牛油果树的确费尽力气去拥有大量杂交子代。这些树的确在乎。在有选择的时候，它们用尽全力将能量注入真正的杂交子代。（好吧，我知道树并不真的“在乎”，但你知道我想强调的重点）。

将同一品种的数十万棵果树种在一起，这让它们没有多少选择的余地，就像城市里典型的牛油果消费者在大型商场里能买到的牛油果品种越来越少一样。如果说牛油果的故事与香蕉相似得令人心惊，那是因为青睐基因型一致性带来的经济效益的全球趋势。我们不再容易吃到许多优秀的牛油果品种，因为影响市场的人怀着“标准通用”的态度。但是不要误解：只要在适当的时候采摘，用适当的方式熟化，一颗形似睾丸的“哈斯”是很棒的水果。

关于牛油果的浪漫史，我们能从我们的科学探险之旅中学到什么？我们从《当哈利遇见莎莉》开始，而且没错，我们发现时机对于牛油果的性和丰收是多么重要。但是我们的结论可以比作另一部浪漫喜剧——南希·迈耶斯（Nancy Meyers）2009年的电影《爱很复杂》（*It's Complicated*），因为浪漫史的生物学，就像浪漫史本身一样，是复杂的。

下一章讲述的作物拥有绝对不孤独的性生活，它是风媒授粉植物，可以与远至半英里之外的其他植株交配。植物育种家利用糖用甜菜的滥交制造出了一种更好的糖用甜菜。但是糖用甜菜的行为很不检点，与品行恶劣的追求者勾搭在一起，而种植糖用甜菜的农民为此付出了代价。

食谱：牛油果吐司，从此不再是早餐专属

莱斯利·利文斯（Leslie Leavens）应该知道怎样对待牛油果。她和她的家人一起管理的利文斯农场已经种了几十年的牛油果，还

有柠檬等。在“业余时间”，不知疲倦的莱斯利干了很多不同的事情，包括为加州文图拉（Ventura County）的农场工人们建造优质且可负担的住房。在你读到这本书的时候，作为文图拉农业局的前主席，莱斯利应该已经在操持更多业余项目了（Warring 2013）。

110

下面的菜谱是她在加州农业领导力课程的小型同学聚会期间教给我妻子的。

当你为这道菜谱准备你的牛油果时，记住是良好的时机将这颗果实送到了你手里。

2或3个充分熟化但不过熟的牛油果，剥皮切片

你最喜欢的面包切片，用于烘烤

一或两个对半切开的墨西哥来檬［Mexican limes，即群岛来檬（key limes）］或四等份切开的波斯来檬［Persian limes，即塔希提来檬（Tahitian limes）］

优质新鲜辣椒粉（或者你最喜欢的混合调味香料）

可选：培根切片，番茄切片，嫩煎蘑菇，等等。

供几人食用，取决于牛油果和面包的大小以及人的饥饿程度。

烘烤面包。将牛油果厚厚地涂在仍有热气的吐司上。根据个人口味挤来檬汁，撒辣椒粉。快速操作，趁热享用吐司芳香四溢的滋味组合。

5

甜菜：

浪荡女和风流男

玫瑰是红的。堇菜（violets）是蓝的。糖是甜的，来自甜菜。

说到浪漫，甜味通常是所有味道中最浪漫的。例如，没有什么会比一盒松露巧克力更能代表浪漫了。但是，甜味并不是一直都来得如此简单。在自然界，甜味食物很难遇到，像糖果那样甜的食物几乎不为人知。就在几千年前，文明世界的大部分人都很难找到吃起来有甜味的食物。果干大概是这类稀有食物中最常见的。新鲜水果是季节性的，而且保存时间很短。在蜜蜂被驯化之前，收获蜂蜜在最好的情况下是一项充满挑战的困难工作，而在最坏的情况下则十分危险。即使在蜜蜂被驯化之后，养蜂业也只局限于欧亚大陆温带地区和北非。就是这样。阿兹特克人将他们的巧克力添加到各种磨碎的种子、香子兰、辣椒和其他物种中，做成有苦味的调和食品，这有什么奇怪呢？但是在地球的另一端，一场甜蜜革命正在慢慢扩散。

几乎任何一个在拥有大量青草的地方——草地、草坪、北美大草原、热带稀树草原——长大的孩子都会在某个时候拔掉一根茎秆并放进嘴里咀嚼。不难想象，当一个疲惫饥饿的新石器时代的少年在为他的家人采集了一上午的植物根茎和坚果之后，顶着炽热的太阳走回家时会做什么。他用他叔叔送给他的黑曜石小刀，从一棵高大草本植物上切下一大块肉质茎秆，放在嘴里咀嚼。富含纤维的组织被臼齿磨碎，他的嘴巴里充满了甜味。这可真让人惊喜！在享受了汁液充盈的咀嚼之后，他切下几根手掌长的茎秆，和自己的兄弟姐妹以及村子里的朋友分享。如果不是亲口品尝，他们怎么会相信世界上存在味道这么好的东西（和现代驯化品种还差得远，但对他们而言足够好了）。等等，再将两根茎秆分给那个可爱的农民，他养了一些健康的猪！

112

第一对“甜心宝贝”？

这就是那件曾经发生在如今名为新几内亚的海岛上，改变了历史而且仍然在继续改变历史的事件的大致过程。在数千年的时间里，只有那座岛屿以及后来的远东地区和大洋洲的人们能够享用以这个物种及其近缘物种为祖先的驯化作物的产品。甘蔗（sugarcane）这个词如今指的是在湿润热带地区栽培的任何一个甘蔗属（*Saccharum*）驯化多年生草本物种（以及它们的种间杂种）（Roach 1995）。首先是茎秆，然后是茎秆的汁液，最后是一种更容易储藏和运输的产品。大约 3000 年前，一些南亚人或许是首次将甘蔗汁彻底干燥并得到令人满意的棕色结晶的人。当代工业生产的高度精制的白色结晶，就是我们所说的白糖，也就是蔗糖这种化合物（Bakker 1999）。

甘蔗向西扩散的过程慢得令人心焦，直到大约 1500 年前才抵达波斯，数百年后的中世纪时代才慢慢进入欧洲。这种生活在 113 赤道地区的植物至少需要亚热带气候，更喜欢热带气候。因此，甘蔗的栽培只能被限制在地中海盆地最温暖、最不受冷空气侵袭的地区。欧洲对撒哈拉以南非洲的殖民，以及随后新世界热带区的发现，为欧洲的实业家们提供了商业级大规模栽培甘蔗的机会。哥伦布本人就将这种大型禾草作为种植园作物引入加勒比海地区。干燥的粗制棕色糖块被运回欧洲。在那时，这种产品的纯度已经高到它很难腐坏了。粗糖的产量大大增加，很快就成了全世界的主要甜味剂（Bakker 1999; Blackburn 1984）。

到 18 世纪时，甘蔗种植园已经成为泛热带帝国主义的基石，尤其是对葡萄牙、西班牙、法国和英国而言。它们还是英国臭名昭著的“三角贸易”的组成部分。迅速重温一下高中教的美洲历史：这个三角形的第一条边是将西非奴隶运输到美洲。在可怕的旅途中，幸存下来的奴隶用他们的技能和肌肉造就了新世界的种植园。第二条边是将种植园生产的初级产品——不只是粗制糖，还有烟草和棉花这样的产品——运往不列颠群岛。在那里，工厂为这些初级产品增值，不光制造精制糖，还生产朗姆酒（原料是糖蜜，蔗糖精制过程的副产品）、纺织品和其他加工货物，并沿着第三条边运输到非洲，通过贸易交换更多奴隶（Smith 2013）。

虽然朗姆酒是制糖业的重要副产品［关于朗姆酒的更多内容，见斯坦迪奇（Standage）2005 年出版的图书《六个玻璃杯里的世界历史》（*A History of the World in 6 Glasses*）第 6 章］，但是蔗糖（或者有甜味的副产品糖蜜）在欧洲人以及他们在殖民地大发其财的后代中更受欢迎。无论是在含咖啡因的精致饮料还是在烘焙食品中，甚至是在肉类菜肴中，上层人士都要在里面加入大量的糖。断头皇后安托瓦内特的经典建议"可以让他们吃蛋糕"，只能是在蔗糖令酥皮糕点的制作普及之后才能有。

114

作为食糖的蔗糖，是第一种全球性工业化生产的生物化学品（这个表述可能引起质疑，因为有人认为蒸馏烈酒才是第一种，它基本上是水和在蒸馏过程中浓度升高的乙醇的混合物。但是那个时代典型烈酒的乙醇纯度远远低于工业革命早期精制糖中的蔗糖纯度）。技术继续进步，所以工厂生产的食糖越来越纯，这还意味着它们越来越白，越来越不容易变质。纯净的食糖——即高度纯化的蔗糖——几乎和纯净的食盐一样抗菌。对于大多数微生物，纯蔗糖本身的营养不足以成为一种食物。因此，结晶糖如果保存在干燥环境下，是很容易储藏和运输的。自制罐头爱好者很清楚糖可以用作一种防腐剂［我的最爱：新鲜三文鱼用一包干燥的糖、盐和小茴香（dill）腌制，制成斯堪的纳维亚半岛的风味美食腌渍三文鱼片（*gravlax*)]。

栽培甘蔗的性生活是贫乏的。和所有禾草一样，甘蔗的野生祖先是风媒授粉的。这些多年生植物既能进行有性繁殖，也能进行一定程度的营养繁殖。但是对于各个栽培品种，性在很大程度上已经消失了，仿佛种植者为这些植物戴上了贞操带似的。这些作物每年收获一次，而且是在它有机会开花之前。这种作物通过茎插穗进行营养繁殖（又是克隆）。最重要的当代甘蔗都是种间杂种，在性上通常极不活跃，而且几乎不育。驯化甘蔗属植物的性在很大程度上是育种者的领域，他们会保留可育品系并使用它们创造新的品种（Bakker 1999）。

115

糖用甜菜在性方面要活跃得多，如今它是甘蔗的头号竞争对手。糖用甜菜崛起的故事表明，人们是如何通过操纵一种植物的性来创造新作物的，在甜菜这个例子上，是使用旧作物创造出了一种新作物。最近，在性方面格外浪荡的糖用甜菜参与了一种杂草的进化，而它大概是欧洲农业历史上最恶劣的杂草，这展示了非计划中的性如何制造一场农事噩梦。这两个故事是互相交织的。实际上，这两个故事拥有共同的序言……

糖用甜菜诞生于一系列连续发生的地缘政治事件。第一块倒下的多米诺骨牌是1805年的特拉法尔加海战。在纳尔逊勋爵击败了西班牙和拿破仑帝国的大西洋联合舰队之后，获胜的英国皇家海军随心所欲地封锁了法国海岸。作为报复，拿破仑一世发布了柏林敕令，禁止欧洲的法国同盟国——基本上是整个欧洲大陆——进口英国商品。反过来，英国皇家海军得到命令，去破坏法国及其海外殖民帝国之间的航运线路。于是法国及其欧洲同盟国都无法获得来自热带地区的甘蔗——殖民地最重要的商品。法国储存的糖很快就消耗光了。糖成了奢侈品，价格像坐了火箭一样飙升。法国公民怨气冲天（Francis 2006）。拿破仑无法让他们去“吃蛋糕”。怎么办呢？

116

法国政府迅速成立了一个科学委员会，寻找蔗糖的替代品。委员会里的几位科学家知道德国科学家此前做过寻找其他食糖来源的研究。大约半个世纪之前，德国化学家安德里亚斯·马格拉夫（Andreas Marggraf）从甜菜根汁液中分离出了糖结晶。在他的显微镜下，它们看上去和来自甘蔗的糖结晶完全相同。但这种方法的出糖量很低，只有根鲜重的大约 1.6%（Francis 2006）。他的学生弗朗茨·阿哈德（Franz Achard）接替了他的工作，检查了所有种类的甜菜根，直到发现一种用作动物饲料的白色甜菜根拥有出众的含糖量。在普鲁士政府的资助下，他建造了一台使用甜菜制糖的原型机。尽管从甜菜中得到了 4% 的糖，阿哈德仍然很失望。尽管如此，他证明了糖可以从欧洲温带作物中提取出来（Francis 2006）。阿哈德的研究结果发表于英国和法国互相封锁的 3 年之前。有趣的是，阿哈德声称蔗糖精制厂的代表后来曾接触过他，要求他撤回自己的研究结果。他拒绝了。几年之后，他的工厂毁于一场火灾（Francis 2006）。是巧合吗？

法国的科学委员会成功地复制了阿哈德的研究。1811年1月，一大块法国生产的甜菜糖被呈献给皇帝本人。拿破仑兴奋极了。他下令在法国以和他的欧洲大帝国的其他地方种植用于制糖的甜菜。他没有止步于此，还下令设立研究和改良制糖甜菜的科学学校。在一年之后，最后一块多米诺骨牌也倒下了。拿破仑颁布第二道食糖敕令，要求在更多土地上种植甜菜，并建造数十座甜菜糖加工工厂。甜菜开始走上成为糖料作物的道路（Francis 2006）。

117

表面上看，这一系列的形势变化可能并不符合直觉。甜菜似乎是一个不太可能的选择。从外表看，和你盘子里色彩鲜艳的甜菜沙拉相比，颜色像黏土而且形状丑陋的糖用甜菜有点像一只从绸布钱包里掏出来的猪耳朵。在等待加工的时候，堆积成山的棕褐色长条形根让人想起脏土块堆成的小丘。近距离观察这种一尺长产品的泛白肉质，会让人想起充满异域特色且富含淀粉的热带地区主食，如山药或木薯。相貌平平的糖用甜菜怎么看都不应该是下列产品的核心成分：情人节的樱桃红色心形歌帝梵巧克力礼盒、复活节的软心糖豆、美国国庆日的棉花糖、万圣节糖果、光明节的金币巧克力以及圣诞节的拐杖糖。但是甜菜糖就赫然列在我写这一段话时吃掉的那块味道极好并含有整颗榛仁的瑞特斯波德黑巧克力的配料表里。这种植物从哪里来？甜菜为什么会成为食糖来源，这背后有什么道理吗？

甜菜的拉丁学名是 *Beta vulgaris* ssp. *vulgaris*[①]，它是由一种野生植物驯化而来的，这种野生植物的绿色叶片被人类收割并当作蔬菜烹饪食用，就像甜菜的近亲菠菜一样。像这样烹饪食用的绿叶菜称为熟食绿叶菜（potherbs）。这个野生祖先名为海甜菜（*Beta vulgaris* ssp. *maritima*），外形很不起眼，生长在欧洲的大西洋和北海海岸地区，以及大地中海的海岸地区。海甜菜和它所在地区的任何物种都很不同，而且在根部木质化之前，整株植物都完全可以食用。煮熟的叶片吃起来味道很像菠菜。很容易看出它为什么会是野菜觅食者的最爱——无论是现在还是几千年以前（Biancardi，Panella 和 Lewellen 2012）。

118

和甜菜属（*Beta*）的其他十来个物种一样，海甜菜和它的驯化后代属于苋科（Amaranthaceae），一个相当大的植物科，拥有大约 2000 个得到描述的物种。苋科主要包括草本植物，大多数物种由昆虫授粉，但是包括甜菜在内的部分物种主要由风授粉。而且就像我们从禾草中所知道的那样，风媒花是单花而且很小。甜菜的两性花是出现在这本书里的最小的花，直径只有大约 5 毫米（Biancardi 等 2005）。它们的花在数量上是典型的苋科花，有 5 枚叶绿色的被片。关于苋科植物的花被是由萼片组成花瓣缺失还是由花瓣组成萼片缺失，存在明显的争议。噢，你们这些植物

① ssp. 是 subspecies 的缩写，意为亚种。——译注

学家！我们还是叫它们“被片”（科学论文的最近趋势），然后往下看吧。3 枚合生心皮发育成一个含有 1 粒种子的干燥果实。

从很多方面看，这个科对人类都是很重要的，并且包括一些著名的观赏植物。尽管单花不显眼，但它们有时色彩鲜艳并排列成醒目的花序，例如观赏青葙属植物（ornamental celosia）[①]，其颜色像彩色蜡笔，毛茸茸的质地像泰迪熊玩偶。苋科拥有很多声名狼藉的杂草，例如风滚草（tumbleweed）。它在“全世界最恶劣的杂草榜单”上名列前茅（Holm 等 1977）。除了甜菜，苋科的作物还包括富含蛋白质的“伪谷物”（例如藜麦和籽粒苋）和绿叶菜（例如菠菜和苋菜）。一些物种用途多样：青葙（*Celosia argentea*）既是观赏植物，也是非洲的重要叶用蔬菜。此外，某些野草——例如幼嫩的藜（lamb's-quarter）——是味道不错的蔬菜，可以添加到沙拉中或者作为烹饪绿叶菜食用（Silverman 1977）。

120

甜菜最初是作为一种提供可食叶片的植物得到驯化的。农民很可能按照需要从幼嫩的莲座状植株上拔下叶片。一些形态不一的甜菜品种至今仍用作烹饪绿叶菜，包括叶用甜菜（leaf beet）、瑞士甜菜（Swiss chard）和菾菜（spinach beet）。虽然根用甜菜（table beet）的叶（称为 beet green）较小，但也可以使用同样的方式烹饪食用。味道几乎完全相同（见第 5 章菜谱）。但是我

---

① 即鸡冠花。——译注

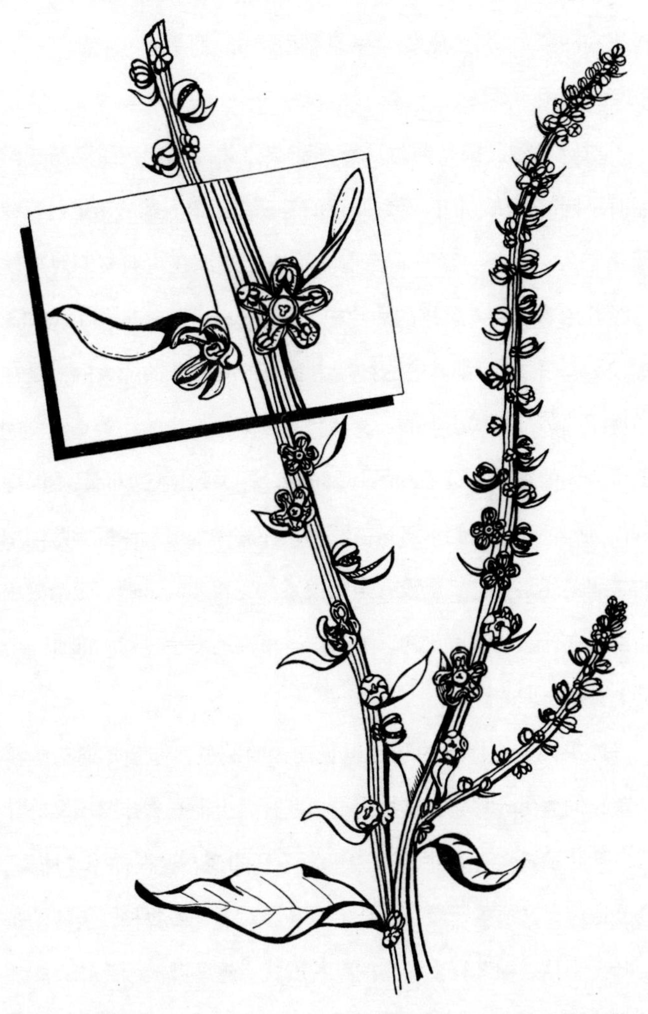

图 5.1　甜菜的花序。一朵甜菜花的详细正面视图。5 枚被片构成花被。被片内是 5 枚雄蕊构成的雄蕊群，环绕着三心皮雌蕊的柱头。背景是一株甜菜的穗状花序。

们大量使用的还是叶用甜菜。作为熟食绿叶菜使用并没有将马格拉夫在甜菜中发现的超高含糖量利用起来。让我们来看看下一代甜菜，根用甜菜。

对于根用甜菜是何时从叶用甜菜进化而来的，甜菜历史学家有不同的看法。他们一致同意的是，甜菜根入药的历史已有数千年之久。一些学者充满自信地断言，欧洲在古典文明时期就已经开始享用供人食用的甜菜根（Biancardi，Panella 和 Lewellen 2012）。其他学者则坚信这种端上餐桌的有甜味的膨大的根是在中世纪的某个时候出现的，文艺复兴早期画作中的甜菜毫无疑问属于今天的根用甜菜（Francis 2006）。相关数据稀少而且难以理解。例如，现在我们不清楚古罗马人在著作中提到的根类蔬菜指的是甜菜还是和它完全没有亲缘关系的芜菁（turnip）。无论根用甜菜是在什么时候进化的，关于这一事件的发生过程，都有一个听上去很合理的假说。

如果你曾在自己的花园里长期种植莴苣，你会知道这些精巧美味的簇生叶片会突然抽出一根茎秆，上面长着味道不好的叶片。簇生植株突然从中央伸出一根茎秆的变态过程称为“抽薹”（bolting）。这根茎秆最终会开始开花。对于许多物种，美味的基生叶会干枯，被茎秆上较小的叶片取代，这些叶淡而无味，质地像皮革，或者味道非常糟糕。对于古代熟食绿叶菜的农民，这意味着一棵有用的植物就此终结。因此，熟食绿叶菜的种植者会将抽薹较早的植株扔进垃圾堆。通过这样做，他们无意间选择了

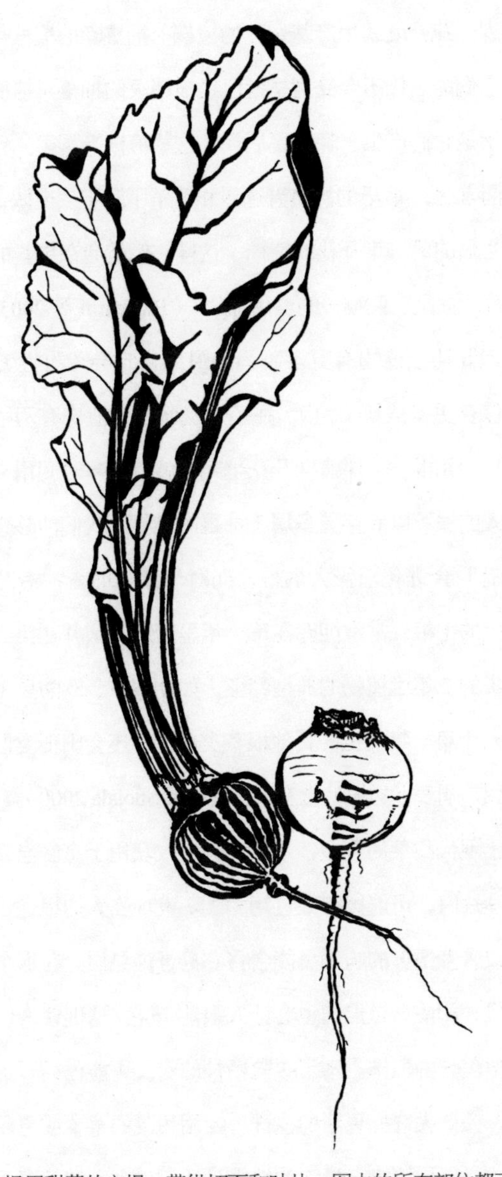

图 5.2　根用甜菜的主根，带纵切面和叶片。图中的所有部位都可食用。

那些推迟开花并继续生产基生叶的植株。抽薹晚的植株得以彼此交配，它们的后代不会受到早就已经被消灭的抽薹早植株的基因污染。于是它们产生了晚抽薹后代，这些植株等到第二年才会开花。简而言之，“最早的种植者选择和繁殖了二年生个体，即那些在结籽之后的第二年开花的植株，这样它们就会在更长的时间里生长叶片，这是它们唯一的食用部位”（Biancardi 等 2005）。

延迟开花让植物有更多时间为最终肯定会为有性繁殖发生的抽薹储存更多能量（糖）。在莲座丛阶段，植株有两种重要部位——叶片和根。一棵植株开花越晚，就有越多时间用来生长根部。较大的根可以储存更多用于抽薹的能量。我们能够想到，这些植物有时会进化出膨大的根，而对于甜菜而言，情况就是这样。巨大的主根，常常拥有在第一年呈莲座丛状并在第二年抽薹开花结实的二年生植物的典型特征［如胡萝卜、欧防风（婆罗门参）］。对于第一年丛生的其他根茎类作物，还会出现类似的进化事件，如，胡萝卜的根就含有大量蔗糖（Suojala 2000）。

至于现代甜菜的原型，一些农民在收获用于烹制当日素炖菜的丛生叶片时，可能拔得太过用力了。发现膨大的根之后，某些好奇（或者懒惰）的厨师可能会将它扔进炖菜里。在那个甜味匮乏的年代，即使一点点糖也会让人眼前一亮，这促使人们追求根部更大更美味的植株。富于实验精神的农民可能已经开始品尝根的味道，为此去选择更甜的植株。叶用甜菜的某个或更多品系开始进化成二年生植物，最终的结果是我们如今所知并喜爱的根用

123

甜菜。用作动物饲料的饲用甜菜（mangold 和 mangel-wurzel）可能也是用同样的方法选育的。糖用甜菜的亲本之一是一个饲用甜菜品种，而这个品种似乎是饲用甜菜和莙荙菜[①]的一个天然杂交种的后代（Ford-Lloyd 1995）。这些甜菜含有足够多的糖，这让它们为甜菜的第三次进化并变身为工业化学品的原材料做好了准备。

到 19 世纪时，对作物改良的研究已经完善并成为一门真正的科学，因此拿破仑才能下令研究如何种植甜菜制糖以及如何让它们生产更多的糖。在孟德尔实验之前的半个世纪，距离现代遗传学的诞生还有整整一个世纪的时候，应用农业科学家已经意识到可以利用遗传规律改良植物。植物科学向前发展的历史和越来越精细的配对方法密切相关。早期育种者常常对进行有性繁殖且寿命较短的作物使用一种名为混合选择（mass selection）的方法（如今有时也使用这种方法）。混合选择和驯化中的无意识选择的主要区别在于，混合选择是有意的而且在一定程度上是有组 124 织的。混合选择、驯化和达尔文式自然选择从根本上讲是同一个过程：改变在进化中发生，因为某些遗传性状的频率随着时间增加，而这件事的起因是这些性状以异常高的比例出现在每个世代的所有个体中。通过允许植物自然交配，随后从每一代的多样性中进行选择，混合选择是一种创造多样性的循环。你只需要将它

① （chard）甜菜的一种。——译注

们种在一片田野，让大自然顺势而为——即开放授粉。除非这些植物只能异型杂交，否则开放授粉既包括自交，也包括杂交。杂交的比例越大越好。

将播种后萌发的幼苗种植在同一块或多块田地里，并测量它们在目标性状上的表现。找出表现最好的个体植株。收获它们的种子并混合起来。播种这些种子，对长出的植株进行特征描述并让它们相互交配，然后对下一批后代进行评价和选择，以此类推。因为这种循环会逐渐降低存在于最初种群中的遗传多样性，所以育种者偶尔会有意地将更多变异增加到被选中的后续种群中，做法是在育种田中种植作物品种甚至野生近缘种。如果最初的种群缺少目标性状所需的遗传变异，添加来自新种群的变异就变得尤为重要（Simmonds 1979）。

要想培育一种更好的糖用甜菜，最初的步骤就是这些混合选择的循环。对于甜菜，混合选择的交配阶段很容易进行。甜菜非常容易杂交。甜菜主要靠风媒授粉，但也可以由昆虫授粉。另外，栽培和野生甜菜都是自交不亲和的植物，本书前文说过，这意味着一棵植株不能和自身交配（Biancardi，Panella 和 Lewellen 2012; Larsen 1977）。因此，在进行混合选择时，每一棵开花的甜菜植株会被许多其他甜菜植株围绕，有机会成为许多配对中的可育雄性，并结出许多父本各异的种子（Biancardi 等 2005）。

早期糖用甜菜育种者只需要将他们的植物种在一块田里，然后让微风和偶尔出现的昆虫扮演丘比特的角色。不需要用油画笔转移花粉；不需要用授粉袋将不同的花强行裹在一块。这样就能得到大量多样性高的杂交种子，它们的遗传背景来自许多不同的亲本。这种简单的联姻方式创造了大量变异，可以作为多次选择的基础。混合选择甚至在当代成功改善了糖用甜菜的某些性状（Biancardi 等 2005）。注意，混合选择不同于对能够进行克隆的长寿作物如香蕉进行的无性系选择。无性系选择仍然是一种人类干预的自然选择，但是变异来自突变，而不是性。然而，如果育种者能够让某些无性系香蕉进行有性繁殖，那么他就可以对产生的后代进行混合选择（Simmonds 1979）。

混合选种的一个缺点是，如果某些母株的优良表现和遗传并无关系的话，将表现最优良的个体的种子混合起来也许会减慢选择过程的速度。如果一株优良个体之所以胜过其他个体，只是因为田野环境差异呢？例如，假如这株个体生长的地方正好是一条狗死去（或者排便）的地方呢？当然，会有另外一些个体因为拥有以遗传背景为基础的优良性状而被采集种子，但是如果在采集的所有种子中，这株个体贡献的种子数量特别多呢？

126

随着 19 世纪的进展，糖用甜菜的改良引进了一种更精细的选择方式：家系选择［family selection，又称后代选择（progeny selection）］（Biancardi 等 2005）。对于进行家系选择的育种者，重点首先仍然是传递目标性状的优良母本。但是这一次育种者不混合种子，而是将每棵母本植株结的种子单独保存，让每个母本的相同后代能够作为一个单独的群体和其他家系进行比较（例如，每个家系的幼苗可以在田地里单独成排种植，让育种者能够轻松地查看每个家系的表现）。很显然，从一棵植株上收获的种子都拥有相同的母本，即使它们很可能拥有许多不同的父本。如果这些后代没有表现出母本表现出的优良性状，整个家系都会从未来的基因池中被剔除。至于二年生的糖用甜菜，它们会在第一年结束时被清理，以免它们的花粉污染下一代种子。选择结果不那么混乱，更加高效。

和混合选择这把折叠刀相比，家系选择就像是一把精巧的手术刀。育种者仍然利用了基因在有性繁殖过程中的重排，但是这种方法让育种者增强了对亲本关系的控制，以免无意中选中的滥竽充数者参与交配而污染结果。到 1880 年，距离拿破仑下令采取行动还不到 70 年时，在这种精细化的选择方法的多轮作用下，按鲜重计算的甜菜产糖量已经达到 18%~20%，这个数值是最初的 4 倍多（Francis 2006）。今天的鲜重产糖量百分比也差不多是这个水平（Draycott 2006）。

127

蔗糖百分比只是衡量产出的一种指标。作物育种者对许多性状感兴趣，从抗病性到产品的形状和大小，再到口味和保存期限等。但是最重要的性状通常是单位面积的最大产量。乔纳森·斯威夫特［Jonathan Swift,（1726）1999］在《格列佛游记》（*Gulliver's Travels*）中说得好：“……谁能在以前只长单穗玉米和单叶草的土地上种出双穗玉米和双叶草，那么他就要比所有政客更有功于人类，对他的祖国贡献更大。”在糖用甜菜开始遗传改良大约100年后，一种新的作物改良方法——同样以人类控制的浪漫史为基础——可以从每亩土地中榨取更多的糖。为了给糖用甜菜的第三波改良提供一些背景，让我们继续讲述这种外貌平平的主根的政治地缘冒险。

甜菜制糖一直充满了起起伏伏，拿破仑帝国的覆灭是众多挫折中的第一个。封锁消失了，使用甘蔗制造的廉价热带糖重回欧洲大陆。虽然欧洲其他地方的甜菜糖工厂纷纷倒闭，但法国人选择坚持到底。慢慢地，糖用甜菜开始复苏，科学的选育方法收到了成效，产量增加了。欧洲拥有了一种新作物，法国提升了贸易壁垒，以保护本地制糖产业。对甜菜本身和工业加工方法的改良，再加上经济上的保护主义，让甜菜糖的势头开始超过甘蔗糖。在某些情况下，国内甜菜农民们的成功损害了海外殖民地甘蔗种植园的利益。1901年的一份国际协议撤销了国家对甜菜糖生产的补贴，同时取消了对甘蔗糖的关税，这让天平开始朝另一个方向倾斜。甘蔗糖重拾竞争力，并恢复到全球糖产量一半来自甘蔗，另一半来自甜菜的状态。然后，“一战”和“二战”中断了海上贸易，甜菜糖作为本土生产的替代品卷土重来，有效地防止了糖用甜菜这种作物的灭绝。

128

到“二战”结束时，短命异型杂交作物的早期选择方法相形见绌于一种新方法：杂交品种的创造。记住，商用杂交品种和物种，甚至亚种的杂种没有任何关系（但我们会在本章末尾谈到这种类型的杂种）。第一个成功的商用杂交品种是为玉米培育的。育种者很早就意识到，当他们对两个不同品种进行人工杂交时，后代常常有杂种优势。就连查尔斯·达尔文［（1859）1902］也在他的《物种起源》（*On the Origin of Species by Means of Natural Selection*）的第 4 章评论过杂种优势："我搜集到的大量事实表明，和几乎所有育种者的看法相符，在动物和植物中，不同品种或者同一品种的不同品系的杂交，会提升后代的生长势和生育力……"玉米育种者渴望创造品种间杂种。首先他们需要高度一致的亲本系，这样才能制造出色的杂种。于是，育种者的第一步129是创造相对自交并因此相对一致的玉米品系。一旦创造出这些自交系，他们就为它们人工授粉，看看哪些配对组合会得到最好的杂种。他们发现任何高度一致的自交系配对产生的杂交后代也是高度一致的，而且对于某些特定的亲本系配对组合，杂交后代非常健壮且高产。对自交亲和的玉米进行人工杂交，比大多数作物容易，因为玉米是雌雄异花同株的。雄花位于植株顶端的雄花序上，而雌花位于下面的玉米穗上，它们的柱头就是暴露在外的玉米须。可以利用两种性别的这种空间隔离（还记得第 2 章介绍过的雌雄异位吗），确保玉米结的种子都是品种间杂交产生的。

一旦育种者找到并大量种植自交亲本系，他们就会面临新的困境。如何大量生产商用规模的品种间杂交种子？考虑到玉米由风授粉而且是自交亲和的，如果放任不管，一株玉米结出的种子有 10% 是自交产生的，另外 90% 是和距离不一的其他个体杂交产生的。即使两个品种每株交替种植，在没有人类干预的情况下，会有相当一大部分的个体间天然杂交是同一个品种之内的交配，只有很少一部分会是想要的品种间杂交。有没有一种方法可以让得到的种子全部都是品种间杂交产生的 100% 纯粹一致的种子？在实验条件下，育种者扮演牵线月老的角色。无论是生长在温室还是田间的玉米，都首先用授粉袋将雄花序和雌花序包裹起来；然后，通过精心安排解开和重新包上授粉袋的时间，就可以有策略地以手工授粉的方式，将花粉从一个品种的雄花转移到另一品种的雌花上。育种者精确地控制哪些植株和哪些植株交配，得到数百粒拥有目标亲本关系的杂种种子。这个数字对于商业用途而言太小了，不过可用于育种实验，找出“配合力”强的品系配对。

130

但是，生产出售给农民的数以百万计的种子就是另一回事了。下面是玉米种子公司一开始的做法：育种者将精心挑选的一对自交品种交替成行种在田地里。在过去的很多年里，会有大批高中和初中学生在暑假期间来到田间打短工，将其中一个品种未开放的雄花序去除（“去势”）。另外一行的另一个品种保持完好，充当去势品种唯一可能的当地花粉来源。生长季结束时，育种者的员工收获去势品种结的玉米穗，每个玉米穗上只结杂交种子。这种杂交种子生产田可以确保“包办婚姻”的实施。它是一个雌全异株（见表 2.3）种群，包括被去势的雄性不育但雌性可育的品种 1 的植株，以及雌雄同株的品种 2 的植株。当品种 2 的雄花序释放花粉时，它们是当地唯一能够令品种 1 结种子的植物。因此，品种 1 被品种 2 授粉并结出的种子被视为“杂种”种子，因为这些种子是品种间杂交产生的。未去势的品种 2 植株可以和任何植株交配，它们和它们的玉米穗会被丢弃掉。

种植在这些种子生产田附近的玉米会对育种者的配对工作造成巨大的破坏，因为它们的花粉可能飘过去，给选中的父本“戴绿帽子”。但是对于远距离意外授粉的多年经验最终让育种者明白，和下一片玉米片保持 660 英尺的距离就能提供足够大的性别隔离，令本地杂交授粉率超过 99%（Kelly 和 George 1998）。无论是创造这些种子的人，还是购买它们的人，含量如此微小的遗传杂质都不会让他们不满意。

131

对于农民而言，杂交品种是一项福利，因为和此前开放授粉制种的品种相比，它们更加整齐一致，而且产量也高得多。你已经从之前的章节中了解到遗传单一性对农民的好处。对于种子公司而言，杂交品种也是一项福利，因为这些种子会创造别无选择的忠实顾客。使用杂交品种的农民必须每年购买玉米种子；使用开放授粉品种时，农民只需要在每年收获之后留出第二年播种所需的种子就可以了。在杂种种子出现之前，如果农民想改良自己的作物，可以从几家种子公司之一购买一些种子，或者用自己的一些种子和其他农民的种子交换。但是如果农民保存并播种他们的杂交品种作物结的种子，在后代中被搅乱的杂种基因会产生大量生长不良且高度变异的植株，就像第 3 章提到的那样。种玉米的农民不介意和种子公司的被迫结合，因为他们被迷得神魂颠倒。杂交品种首先席卷了美国，然后是各个发达国家。杂交玉米刚刚在种子产业获得成功，育种者就立即开始为其他作物创造杂交品种。

对于像玉米这样雄花和雌花彼此分离的雌雄异花同株作物，人工去势很简单。我曾问过亚琛工业大学（RWTH Aachen University）的德特勒夫·巴尔奇教授（Detlef Bartsch，他对甜菜及其野生近缘种的认识比得上全世界任何一个人），对于糖用甜菜的育种，对微小的两性花进行人工去势是否可行。他告诉我，在技术员中（他们是几乎任何科学项目的心和手），“优秀的女性技术员每小时可以去势 40~60 朵花……男性技术员——据我所知——效率只有前者的一半，每小时或许能去势 20~30 朵花”。对于科学家的实验工作，这是很不错的数字。但是对于一种每朵花只结 1 粒种子的植物，要想大规模地生产种子，手工去势的方法显然是不切实际的。如果甜菜是雌全异株物种就好了，或者是可以通过简单的物理去势改造成雌全异株的雌雄异花同株物种。幸运的是，糖用甜菜的育种者是一群聪明的人。他们提出了另一种精巧的解决方案：遗传去势。他们知道，其他植物科学家通过仔细查看无数棵植株，已经发现数百个雌雄同花同株或雌雄异花同株物种会产生少数（通常是极少数）雄性不育个体（Kaul

2012），这些变异常常以遗传为基础。如果能够利用以遗传为基础的雄性不育，植物育种者就不需要进行物理去势，他们可以建立一个雌全异株群体。随着杂交玉米的成功，人们开始寻找以遗传为基础的雄性不育——不只是在甜菜中，而是在所有种类的食用作物中。

美国育种学家 F.V. 欧文（F. V. Owen 1942）在 20 世纪 40 年代发现并阐释了存在于甜菜中以遗传为基础的雄性不育。具体地说，他发现了一种非孟德尔雄性不育，称为细胞质雄性不育（cytoplasmic male sterility，简称 CMS）。在植物和动物中，绝大多数基因在位于细胞核中的两组染色体上成对遗传。因此，孟德尔基因常常称为核基因。在配子形成期间，细胞核中的染色体分离成单组。受孕时，两个单组结合在一起，在单细胞受精卵（合子）中形成新的两组染色体。但是有很小一部分的植物和动物基因存在于其他地方，位于另一个或多个亚细胞结构内的单个染色体上。对于动物，这个亚细胞结构是线粒体。对于植物，存在单染色体的亚细胞结构有两种：线粒体和叶绿体。因为线粒体和叶绿体存在于细胞内但在细胞核之外——也就是在细胞质内，所以它们的基因称为细胞质基因。细胞质染色体不参与分离和重组，它们是无性遗传的。在人类和大多数植物物种中，它们直接从母本的卵细胞传递到发育成幼儿的合子中。人类的大约 2 万个基因只有 37 个存在于母系遗传的线粒体染色体上。

133

在糖用甜菜中，细胞质雄性不育作为一种变异在某些植物的线粒体染色体中遗传。甜菜极少表达雄性不育。雄性不育是否表达不是 CMS 变异单独决定的，而是由 CMS 基因和细胞核中的两个孟德尔式分离基因的基因型共同决定的。一旦确定甜菜中 CMS 的遗传和表达，就可以操纵雄性不育的表达与否，方法是通过繁殖过程将恰当的核基因基因型结合到拥有雄性不育细胞质基因型的品系中，创造出表达或者不表达雄性不育的植株。简而言之，进行正确的杂交配对，就可以在下一代打开或者关闭雄性不育。

就像对待玉米一样，两个预先选定的糖用甜菜自交系——一个是雄性不育系，另一个则雌雄两性皆可育——交替成行种植，让微风起媒介作用。而且和玉米一样的是，得到的杂种种子会生长出高度一致且极为健壮的植株。

但是和最初的玉米杂种种子不同的是，细胞质雄性不育免去了人工去势的必要。实际上，如今的玉米杂种种子也是这样生产的。基于细胞质雄性不育的甜菜杂种种子在 1969 年首次引入商业化种子生产。育种者如今还增强了对多样性和选择方面的控制。他们精心创造并选择自交系进行配对，生产出最好的糖用甜菜。在育种者的配对下，优质的性取得了胜利——果真如此吗？

134

地中海盆地或许是全世界最浪漫的地方。普罗旺斯、加泰罗尼亚、突尼斯、希腊的岛屿以及托斯卡纳，这些地名总是让人想起撩人的情色小说、健康烹饪书和自行车旅行指南。这里的亚热带气候不但吸引游客，也非常适合香草和农产品生长，正是这些物产造就了各种堪称全世界最美味的佳肴。许多木本调味香草——百里香、迷迭香、牛至（oregano）、月桂和薰衣草——至今仍生长在地中海地区冬季湿润、夏季干旱的灌木林地中。温暖的金色午后为天然的空气调节创造出适宜条件。空气在白天的热力下懒洋洋地上升。有时在早上，来自海面的一股凉爽、稳定的气流向内陆移动，填补上升暖气流留下的空间。这股气流还携带着沙滩的沙尘，这些细小的结晶总会勾起对咸湿海风的记忆，此外风中还有来自海滨植物的花粉（Ellstrand 2003）。

对于这些花粉中的一大部分而言，这是一场孤独的旅程。大多数海滨物种只生长在海滩附近。从这些物种吹向内陆的花粉，就像吹向海面的花粉一样注定死亡。但是一些物种的花粉会在远处找到配偶。驯化甜菜的野生祖先海甜菜的花粉就是一个例子。135 虽然海甜菜在北欧海滨分布得非常集中，但在地中海沿岸，它们的分布更加分散，有的生长在海岸上，有的生长在数英里之外、毗邻内陆山谷中受人类扰动的生境中（Biancardi，Panella 和 Lewellen 2012）。我们已经知道无论是否野生，甜菜的主要授粉方式都是风媒授粉。对于由微风运输花粉的许多物种，同一物种不同植株之间的成功杂交授粉可以发生在令人吃惊的距离之间，有时可达 1 英里以上。甜菜不是例外。飘荡的海甜菜花粉会在地中海内陆山谷的路边和沟渠里找到生长在那里的同物种个体作为自己的配偶。另一种情况是，风会将海滨和内陆海甜菜的花粉运输到其他地方，为一种亲缘关系稍远的配偶授精：糖用甜菜

（Biancardi，Panella 和 Lewellen 2012）。

糖用甜菜的种子是法国西南部和意大利东北部等地中海地区的重要农产品。[①] 整个欧洲价值数十亿美元 / 欧元的糖用甜菜产业在很大程度上依赖于这些种子。[②] 海风有助于一对甜菜自交系的杂交授粉，这两个自交系分别是雄性不育 / 雌性可育和两性可育的，交替成行种植以便制造杂种种子。如前文所述，当和其他产生花粉的甜菜隔开相当远的一段距离时，雄性不育植株结的种子是生殖力强的品种间杂种，不但按照预期结合了亲本的最佳性状，并且具有杂种优势的加持。收获的种子卖给气候更加冷的欧洲地区的农民，例如法国、德国、比利时、英国和波兰。 136

隔离很重要。欧洲的糖用甜菜育种者建议，为了获得足够高的遗传纯度，糖用甜菜的种子生产田应该和最近的开花甜菜相距 1 公里以上（至少要 0.5 英里以上；Kelly 和 George 1998）。假设一块田野里有几百株未被收获的根用甜菜，它们被破产的菜农抛弃了。它们最终会开花，产生的花粉足以污染附近的糖用甜菜生产田。雄性不育结籽植物产生的种子会有一大部分长出含糖量低、毫无商业价值的亚种间杂种（糖用甜菜 × 根用甜菜）。

最重要的是让雌性免遭浪荡子的骚扰。因此，法国南部和意大利亚得里亚海沿海被选中为生产糖用甜菜种子的区域，距离欧

---

① 欧洲种子认证机构协会（ESCAA），“欧盟的种子生产”（Seed Production in the EU），www.escaa.org/index/action/page/id/7/title /seed-production-in-eu。

② 欧盟委员会（European Commission），“农业和乡村发展”（Agriculture and Rural Development），ec.europa.eu /agriculture/sugar/index_en.htm。

洲的叶用甜菜、根用甜菜和糖用甜菜产区有数百公里之遥。这背后的逻辑就像有些父母把自己的女儿送到与合适的男校配对的女校去上学。实际上，这些种子生产田和生长在毗邻区域的海甜菜至少有 1 公里的距离。然而事实证明，这些田地和海甜菜的距离还不够远，不足以挫败远距离的浪漫史。随风飘荡的海甜菜花粉导致的后果比偷偷一吻严重得多。等到这些不正当的浪漫史败露的时候，它们已经产生了重大的经济后果（Ellstrand 2003）。

137

两英尺长的深绿色叶片莲座状丛生，排列整齐，在英格兰、法国北部、比利时和德国的夏日湛蓝天空（或者加利福尼亚州帝王谷的冬日湛蓝天空）下一眼望不到尽头——种植糖用甜菜的田地在最好的状态下美得摄人心魄。但是到 20 世纪 70 年代中期，欧洲西北部的糖用甜菜田地布满了许多又高又瘦的植株，先是开花，然后结籽。这些瘦骨嶙峋的杂草预示着失去的利润和经济损失。欧洲糖用甜菜种植商遭受了沉重的打击。他们有太多的甜菜正在过早抽薹（Longden 1993）。到 20 世纪中期，育种者通过辛勤的工作，已经选择出了极少发生抽薹的根用甜菜、饲用甜菜，以及糖用甜菜，确保它们像二年生植物一样生长。他们培育出了表现良好的甜菜品种，向上长出丛生叶片，向下长出巨大的肉质根，供人类收获使用，收获流程直截了当。首先，糖用甜菜的叶片被切掉充当动物饲料，根被送往加工厂。如果留在地里再生长一年，冬季的寒冷会诱发生活方式的改变。一旦第二个生长季的春季来临，它们就会抽薹。也就是说，这些“春化处理”

（vernalized）的植物会抽出一支开花的茎，消耗它们的叶片和膨大的根：叶片干枯，根变得木质化并毫无用处。耗光了所有能量，它们结籽后很快就会死亡（Ford-Lloyd 1995）。因为糖用甜菜是在第一个生长季作为丛状植株收获的，它们本应永远没有抽薹的机会。

在20世纪70年代之前，一块典型的糖用甜菜田只会有少数个体出现时间错乱，在第一年就抽薹。平均而言，表现出这种反常行为的个体在100万棵糖用甜菜中最多只有1棵。然而，抽薹甜菜的比例突然之间增加了。这些新出现的叛逆者生长迅速，死亡时还很年轻。也就是说，它们像一年生植物那样生长。在作为莲座状丛生植物生长几个月之后，它们就会抽薹，从叶片和根中调集所有资源用于滋养花茎和种子。想象一下，当从法国到德国的糖用甜菜种植者发现自己的田地里突然充满数百棵或者数千棵抽薹甜菜时，他们该有多惊讶。很显然，剩下枯萎的叶片和木质化的根之后，一株抽薹甜菜让农民无法获得任何有用的产品。但是抽薹甜菜比你认为的更加可憎。抽薹植株在毗邻的作物植株中高高升起，遮挡阳光，影响着表现正常的邻居们的产量（Longden 1989）。另外，它们坚硬的木质化根会对农场机械和加工厂的机器造成损害。所有人都愿意忍受偶尔出现的抽薹甜菜，但是当它们变得过于常见，一块田地甚至会不值得收获。而这些抽薹甜菜出现在田地中的频率年复一年地增长（Longden 1993）。

138

通常而言，抽薹糖用甜菜的出现频率不会增加，这有三个原因。其一，普通的抽薹甜菜是某种生理上而非遗传上的异常导致的。最常见的情况是，一场意料不到的超晚倒春寒刺激了那些种得太早的甜菜抽薹。因此，如果这些“春化处理”的抽薹甜菜结出的种子掉落在田野中，并在农民种植下一批糖用甜菜时萌发，长出的植株不会过早抽薹。因此，对于每年种植糖用甜菜的农民，如果最近的作物出现了经“春化处理”的抽薹甜菜，这不会造成什么麻烦，因为如果这些植株的种子和播种的种子在同一时间萌发，它们通常会正常长大，不会提前抽薹。其二，抽薹甜菜在田野中出现的频率通常很低，低到它们无法找到配偶。百万分之一的抽薹植株只能在田野里零散出现，这里一株，那里一株，被数十万贞洁的莲座丛状植株包围。它们没法得到很多花粉，因为它们是自交不亲和的，所以不会结很多种子（很可能不会结任何种子）。其三，谨慎的糖用甜菜农民知道抽薹植株应该被清除，并且会派员工巡视田地，人工去除偶发的抽薹甜菜。只要及时将抽薹甜菜清理出去，它就不会结籽（Ellstrand 2003）。

139

但是在欧洲出现的新型抽薹甜菜在两个方面有所不同。其一，它们出现的频率相对较高，大约为十万分之八，比预期中的高 100 倍。找到配偶的机会伴随抽薹甜菜的数量增加。因此，它们会结大量种子，每棵植株最多可结 2 万粒种子。其二，它们的抽薹不是生理性的异常，而是遗传决定的。这些新出现的“杂草甜菜”结的种子，大部分萌发生长成抽薹甜菜。欧洲农民很快意识到，随着从抽薹甜菜上掉落的种子，在他们的田地里创造出一个种子库，抽薹甜菜出现在糖用甜菜农田里的数量每年都在增长（Longden 1993）。杂草甜菜就像瘟疫一样迅速发展。到1981年时，它们感染了300万英亩的糖用甜菜农田，这个面积大约相当于特拉华州的两倍。到20世纪90年代初，它们已经扩散成为欧洲东部的一大问题（Soukup 和 Holec 2004）。杂草甜菜对欧洲的制糖业累计造成了数十亿美元的损失（Ellstrand 2003）。

来自甜菜和甘蔗的结晶糖是一种全球年产值超过800亿美元的产品（USDA-FAS 2016）。糖不再只是一种用在甜点和饮料里的甜味剂。糖还是非食用产品，如透明皂的成分。此外，它还是其他生物化学制品，如树脂的化学前体。巴西的汽车使用源自甘蔗糖的混合生物燃料。糖用甜菜至今仍是欧洲的主要产糖作物。但它作为全世界主要作物之一的重要性正在下降。1970年，糖用甜菜是全世界按照种植面积计算第22位的重要作物；到2014年时，这个排名已经下降到第29位。期间，它的种植面积也大幅度下降，而其他大多数重要作物都在扩张。甘蔗的种植面积稳步增加（数据和分析来自FAOSTAT，见第3章）。虽然甘蔗相对于糖用甜菜的成功在一定程度上是因为它是如今用作生产乙醇的作物，但是杂草甜菜也是造成这种变化的一个因素。随着全球糖需求的增长，以及糖用甜菜的种植和加工成本由于杂草甜菜的混杂其中而变得越来越高，甘蔗赢得了优势。如今，在将近半个世纪之后，杂草甜菜的问题还没有解决。在欧洲的某些农场里，杂草甜菜比糖用甜菜还多——每英亩超过2万株抽薹甜菜。一项研究

140

估计，每英亩糖用甜菜中出现 2500 株杂草甜菜意味着产量的损失超过 1 吨。

控制杂草甜菜是一项令人头疼的任务，成本高且难度大。杂草的控制必须同时采取两种策略，既要清除田地里的杂草甜菜，又要减少土壤种子库中杂草种子的数量。因为杂草甜菜和糖用甜菜是同一个物种，所以在抽薹之前，它们的幼苗和莲座丛状植株拥有同样的外表。任何对糖用甜菜无害的除草剂都对它们的杂草表亲毫无效果。熟练地人工喷洒除草剂可以控制在作物行之间萌发的杂草甜菜。但是只有少数做法能够控制萌发在作物行内的杂草甜菜。如果在种植糖用甜菜幼苗之前喷洒广谱除草剂，那么大多数萌发中的杂草都会被杀死。对于那些后来萌发和抽薹的杂草甜菜，一根浸泡了杀虫剂的绳线会被放置在高于莲座丛状作物的高度，并由拖拉机牵引，用于选择性地杀死那些它接触到的较高的抽薹甜菜。另一种有效的方法是等待杂草甜菜抽薹，然后通过手工或锄头将它们逐一杀死，这样做既费工又费时。这些复杂的管控方案也许能够将杂草甜菜减少到可接受的程度，但它们都既不廉价，也不简单（Ellstrand 2003）。

141

为期至少 3 年的轮作——也就是种植除糖用甜菜之外的其他作物，直到杂草甜菜的种子库耗尽——是行之有效的办法，因为欧洲的大部分作物都能在生存竞争中轻易胜过羸弱的杂草甜菜。这种办法可以消灭 98% 以上的杂草甜菜种子库。为期 5 年的轮作可以将它们消灭干净。时间更短的轮作周期将于事无补，因为只有小部分种子会在头两年萌发或死亡。另外，如果种植糖用甜菜是从事农业生产的主要原因，为什么要长年种植其他作物呢?

随着杂草甜菜变得更加常见，更广泛且更重要的问题出现了：为什么抽薹甜菜增加得如此迅速？这些植物是从哪里来的？人们很快就发现，至少一部分——如果不是大部分的话——杂草甜菜是买来的种子直接播种后长出来的。很显然，如果包装袋里的糖用甜菜种子已经被抽薹甜菜种子污染，杂草防治解决不了问题。根除杂草甜菜意味着要弄清楚它们是怎么突然开始进入商业化生产的袋装种子里的。一开始，人们只提出了两种理论解释。一种理论是，它们是变坏了的糖用甜菜，是重新变成一年生植物的返祖突变。另一种理论认为，这些植物是一年生植物野生海甜菜（*B. vulgaris* ssp. *maritima*），这个亚种原产于欧洲沿海，而且是所有栽培甜菜进化上的祖先。也就是说，海甜菜的种子不知为何与糖用甜菜的种子混在了一起。后来，有人提出了第三种理论：种子袋里的抽薹甜菜是轻浮的糖用甜菜和一年生植物海甜菜投机取巧的远距离外遇的结果。在这里，和不适当的追求者发生风流韵事的确是一场危险关系。支持第三种理论的人声称，这样的幽会本来不可能达到任何可被察觉的频率，直到开始生产杂种种子。也就是说，种子生产田里有数千株孤独的雄性不育栽培甜菜（*B. vulgaris* ssp. *vulgaris*）等待着配偶的出现，至于配偶到底是同一亚种的雄性可育品种还是野生一年生海甜菜的雄性可育个体，它们并不怎么在乎。支持这个亚种间杂种理论的证据是，当糖用甜

142

菜杂种种子的生产在20世纪70年代出现之后，杂草甜菜才成为一个严重的问题。但是这个理论和当时的一种主流观点冲突，这种观点认为如果花粉来自在距离和遗传关系上都比较遥远的植物，那么在和育种者选择并种植在附近的配对植物竞争时，它们很难影响到授粉，毕竟后者和母本属于同一个亚种（Ellstrand 2003）。

是时候使用一些科学手段搞清楚欧洲的杂草甜菜是如何进化的了。正如我们已经在牛油果的案例中了解到的那样，如果没有基因工具，确定植物的亲本几乎是不可能的。到20世纪90年代初，杂草甜菜问题已经变得如此严重，以至于所有人都清楚只有找到杂草甜菜的源头才能为预防和管控欧洲制糖业的这场大祸提供至关重要的信息。遗传学侦探开始着手研究这个问题。各个研究团队检测了在农田里抽薹的杂草甜菜和其他不抽薹的甜菜。他们对抽薹甜菜进行了基因分析，并将它们和不抽薹品种以及野生但不形成杂草的海甜菜进行对比。关于这些不确定亲本的植株，第一个问题是“它们是如何获得抽薹基因的？”在那时，甜菜抽薹的遗传基础通常被认为受一个单基因控制，B等位基因是决定在第一个生长季抽薹的变异，而且它对决定延迟开花的变异是显性的。显性意味着无论这个等位基因有1个还是2个拷贝，都会表达为抽薹（注意：现在我们知道真正的情况可能比这更复杂一点，但对于那时我们的目的，单基因模型是成功的）。糖用甜菜不会过早抽薹，因为它们没有这个等位基因。突变总是可能产生

143

一个新的抽薹等位基因。如果这样的突变发生在用于生产种子的田地里或者育种项目中，它应该会被立刻发现。在育种者敏锐的眼光下，表现异常的植株会被清除。这么多变异同时逃逸是不可能的，除非某种不出现在南欧种子生产区的新环境因素开始出现在欧洲北部的糖用甜菜种植田里，诱发它们表达抽薹的性状。

抽薹等位基因在野生种群中是如何分布的呢？B 等位基因在地中海地区的野生海甜菜中很常见，但在英吉利海峡和北海沿岸的种群中完全检测不到。这种地理分布模式是一项重要线索，因为距离杂草甜菜最先出现的区域——即糖用甜菜产区——最近的野生海甜菜种群没有抽薹等位基因。因此，杂草甜菜不可能是从北方海岸吹到糖用甜菜田里的种子生长出来的，尽管它们有时近得只有 1 个小时的车程。相比之下，距离糖用甜菜种子扩繁区最近的海甜菜不但拥有 B 等位基因，而且数量还非常丰富。仅仅是这种地理分布模式就说明，和北方的野生海甜菜相比，杂草甜菜的起源更有可能和地中海海甜菜有关（要么是野生甜菜的种子直接污染了产品，要么是通过杂交的间接污染）。然而，这个论点只是基于一个基因的一条证据链。仍然不能排除一种微弱的可能性，北海海岸的一些极少见的突变海甜菜通过某种方式进入糖用甜菜田。对支撑证据的寻找变得激烈起来（Ellstrand 2003）。

第一个研究报告来自法国，当时全世界最重要的糖用甜菜生产国，而且这个国家被杂草甜菜打击得最严重。1992 年，第戎遗传和植物改良站的桑托尼（Santoni）和贝维尔（Bervillé）成为第

144

一批将法国抽薹甜菜和它们可能的祖先进行基因对比的研究者。他们得到的数据让他们断定“抽薹植株的存在是由于野生一年生甜菜（对糖用甜菜）造成的不受控制的授粉”（Santoni 和 Bervillé 1992）。这个大胆的结论是基于薄弱的数据得出的。他们只研究了来自三个地点的 20 棵法国抽薹植株的一个基因，很有必要进行一场更透彻的分析。

法国遗传学家皮埃尔·布德里（Pierre Boudry）成了这场科学探索的法医英雄。在完成规模庞大的甜菜研究时，他还称不上是一名经验老到的侦探。他当时还是一名研究生，而这项重要的工作是他的博士学位论文项目。他和他的同事进行了一系列全面深入的研究。他们搜集了更多品种和更大规模的栽培甜菜样本：35 个糖用甜菜品种和 4 个根用甜菜品种。他们采集的野生样本不仅有来自西欧海岸（从北海到地中海）的 43 个野生海甜菜种群，还有来自法国西南部内陆地区的 3 个野生甜菜种群。此外，他们还从法国东北部糖用甜菜田里抽取了 9 个抽薹甜菜种群。他们共计从 200 棵植株上收获了种子，并对这些种子萌发得到的幼苗进行了分析。

145

他们使用了一种和母本遗传的细胞质雄性不育（CMS）相关的分子遗传标记。如果存在这种标记，就说明其祖先是雄性不育糖用甜菜（制造商用杂种种子的结籽亲本）。CMS 标记存在于法国北部大约 90% 的抽薹杂草甜菜中。这些数据支持了桑托尼和贝维尔（1992）的结论，确认了法国杂草甜菜的母系祖先是糖用甜菜（Boudry 等 1993）。

杂草甜菜的父系历史呢？布德里的团队使用 6 个核基因对样本进行了遗传分析，但他们没有找到驯化甜菜才有的特异基因。不过，他们使用一种数学方法计算样本的一系列“遗传距离”（对基因相似程度的估计）。他们发现，从遗传组成上看，法国杂草甜菜与栽培甜菜和地中海野生甜菜的遗传距离是相等的，而且是两者的中间型。实际上，法国东北部糖用甜菜田里的抽薹甜菜在遗传上更接近栽培品种和地中海的野生甜菜，而不是位于数公里之外的法国北部海岸、地理上毗邻的野生甜菜种群。这些来自核基因的数据清晰地指出，生长在法国南部的栽培甜菜品种和海甜菜之间的杂交是出现在法国北部的杂草甜菜最有可能的起源。

146

在一项后续研究中，这个研究团体得出的结论是，“杂草甜菜种群很可能起源于种子生产区的栽培甜菜偶然被（野生）一年生甜菜授粉。这些杂种种子——携带 CMS 细胞型和 B 等位基因——被运输并播种在北方的糖用甜菜产区。由于一年生习性（等位基因 B）是显性的，它们在糖用甜菜田里生长几个月之后就会抽薹、开花和结籽。时间较短的轮作以及使用化学除草剂代替机械或手工除草，都会让杂草甜菜通过种子库维持和发展”（Boudry 等 1994）。他们指出，“首个携带 CMS 细胞型的商用品种于 1969 年在欧洲发布”（Boudry 等 1993），这和杂草甜菜数年之后在欧洲大陆上成为一大祸害的时间是一致的。在 20 世纪末，同一个研究团队进行了一场规模更大而且更彻底的研究，结论是相同的

（Desplanque 等 1999）。创造完美杂种糖用甜菜的先进技术也催生了它最大的敌人。那位年轻的科学家皮埃尔·布德里后来怎么样了？解决关于野生甜菜的谜团预示着他在未来职业生涯中取得的成就。他没有离开食用生物这个领域。如今他是全世界最重要的巨蛎属（*Crassostrea*）——即牡蛎——遗传学家之一。

受到在法国进行的这项研究的结果的鼓励，一支由德特勒夫·巴尔奇（Detlef Bartsch）领衔的德国团队开始研究另一批欧洲糖用甜菜种子的源头。它们位于意大利东北部的波河流域（Po Valley），这里和亚得里亚海沿岸的野生海甜菜种群相距不远。这个产区提供了意大利和德国的大部分糖用甜菜种子。他们从意大利东北部和德国西部的糖用甜菜田里收集杂草甜菜的种子，让它们萌发出幼苗，并将这些幼苗与来自意大利东北部亚得里亚海沿岸的纯糖用甜菜幼苗和纯海甜菜幼苗进行遗传特征对比（Mücher 等 2000）。他们使用了超过一百个 DNA 标记和表观遗传标记，得到了和法国科研团队一样的结论。意大利沿海的野生海甜菜和附近用于种子生产的糖用甜菜之间的远距离风流韵事，产生了当时正在意大利和德国的糖用甜菜田里造成巨大损失的抽薹甜菜。

147

杂草甜菜的起源确定了，但是如何解释田间杂草甜菜不断升高的出现频率？是商用种子中杂草种子的比例在增加，还是这些怪异植物产生的子孙后代在增加？刚刚进入 21 世纪，另一支法国研究团队（Viard，Bernard 和 Desplanque 2002）使用更多数量的分子遗传标记，比较了在糖用甜菜种植行内萌发（推测起来是当年播种的）以及在种植行之间的空间萌发（推测起来是前两年的抽薹甜菜掉落的种子）的抽薹甜菜。就像你预料的那样，种植行内抽薹甜菜的基因型说明它们是买来的种子里直接播种下去的第一代亚种间杂种。在种植行之间的空间长出的抽薹甜菜拥有与第一代杂种的后代相符的杂乱基因。这些杂草甜菜种群既包括非法结合产生的子孙后代，也有每年直接来自种子包装袋的亚种间杂种。即使种子公司设法清除产品中的劣质种子，第 2 代、第 3 代、第 4 代和以后的提前抽薹植株仍然可以彼此交配，每次交配都会进一步增加土壤中来自抽薹亲本的种子。很显然，一旦杂草甜菜在一块田里开花结籽，除非进行长期轮作以清除种子库，否则它们就会在这里留下来。

148

总而言之，抽薹杂草甜菜在欧洲突然出现，原因是野生和栽培甜菜在法国和意大利的商用种子田里偷偷摸摸地结合。如果糖用甜菜的种子继续在与缺少高度隔离的野生甜菜地区进行生产，抽薹甜菜将继续污染欧洲的很大一部分商用种子。如果不实施有效的杂草治理手段，杂草甜菜将在欧洲的糖用甜菜产区继续繁殖和扩散。

在这一章，我们探索了甜菜曲折的进化过程。这条进化之路的起点是一种外表散乱的野生海滨植物因其美味的丛生叶片被人采集，而它的终点是难以预料的。这种熟食绿叶菜的一些后代竟然进化成了拥有适合人类和动物食用的膨大肉质根的植物。许多个世纪之后，一场全球性的大国角力催化了一种经济作物从可食用根茎中的诞生。在这条路的沿途，还有各种保留至今的进化分支——野生海甜菜、叶用甜菜、饲用甜菜、根用甜菜，以及现在到处生长的杂草甜菜。

糖用甜菜的进化起源和发展是通过如今最好的植物改良技术进行的：首先是混合选择，然后是家系选择，最终是创造杂交品种。在这一章，我们忽略了一种更新颖的用于创造更好的糖用甜菜的植物改良形式：基因工程。数百万英亩经过基因工程改造的糖用甜菜如今正在美国生长，它们都携带着一个能增强植株对广谱除草剂草甘膦耐性的细菌基因。考虑到和这项技术相关的当代争议和神秘感，基因工程应当单独叙述，而且因为植物的基因工程只是另一种形式的性，所以它很适合作为我们最后一章的主题。

149

食谱：对甜菜进化的纪念

下面这道食谱是对令这一切发生的熟食绿叶菜的一个小小的致敬。根用甜菜仍然可以用作一种熟食绿叶菜。下次在农贸市场购买甜菜，当被问到想不想留着叶片的时候，你说想。别让农民把它们去掉。将它们和甜菜根一起带回家，然后像烹饪瑞士甜菜一样烹饪这些叶子。更棒的做法是将朴素的根用甜菜和用它的后裔制造的产值数十亿美元的商品结合在一起，实现甜菜的家庭团聚。

先凑够1夸脱刚洗过的漂亮根用甜菜叶片（或者用足够多的瑞士甜菜叶片将你的根用甜菜叶片补足到1夸脱）。如果它们在冰箱里保存了几天并且已经萎蔫，那么当你将它们从甜菜根上切下来之后，就立刻把它们放进一大碗冷水里补充水分。将叶柄的切口浸入水中5~10分钟，直到叶片不再绵软无力。从植物学上讲，叶柄不是茎——它们是叶片的柄。例如，芹菜的可食用部分通常主要是叶片极度膨大的叶柄。如果你不想吃剩下的甜菜根（我建议烘烤、削皮和腌制），可以直接用1夸脱的瑞士甜菜叶片代替。

如果你的瑞士甜菜或根用甜菜的叶柄是嫩的，就保留它们；如果纤维感过于突出，就将它们去掉。如果有疑问，就试验一下，如果品尝你手艺的人愿意冒险的话。将叶片切成细丝。 150

剩余配料是

1汤匙优质培根煎出的培根油

1汤匙你最喜欢的烹饪橄榄油

1~4瓣大蒜，切碎

1/4茶匙海盐

1茶匙白色甜菜糖（当然，你可以使用蔗糖，但重点就没有了）

3~4 汤匙未过滤的苹果醋（请避免使用白葡萄酒醋）

将培根油和橄榄油放在 12 英寸的平底铁锅中，加热，但不要加热到冒烟。加入并翻炒甜菜叶，直到你感觉叶片开始变软。将切碎的大蒜放进去，翻炒 10 秒钟。加入醋、盐和苹果醋，麻利地翻炒一下。立即盖严锅盖，然后关火。来自煎锅的残余热量会将苹果醋煮沸，蒸熟甜菜叶。3~5 分钟后即可烹熟。上菜之前略微搅动，令叶片覆盖油脂和醋。

两人份。不开玩笑。1 夸脱绿叶菜烹熟之后最多只有几杯的量。

6

南瓜及其他：

不繁殖的性

玫瑰是朵玫瑰是朵玫瑰是朵玫瑰。可爱至极。

——格特鲁德·斯泰因（Gertrude Stein），《神圣的艾米丽》（*Sacred Emily*）

151

就像互相缠绕的藤蔓，玫瑰和浪漫密不可分。对于主动赠予别人的玫瑰的花色，人们传统地解读为：红色象征爱情；粉色，欣赏；橙色，热情；薰衣草色，迷醉；黄色，温暖，或者——取决于你问谁——不忠。某些颜色曾经是玫瑰育种者的挑战。“黑”玫瑰其实是深暗红色，真正的黑色难以实现，因此没有和黑玫瑰相关的意义。淡紫色至蓝色至紫罗兰色这个色系同样令人挫败。玫瑰根本没有生产飞燕草色素（delphinidin）这种化合物以呈现蓝色的基因。不过虽然蓝色或者任何接近蓝色的玫瑰都无法繁育出来，但是这种颜色却被赋予了一种意义：对不可能的爱情的希望——对于一种不可能存在的花而言，这很合适。

直到最近。

四分之一个世纪之前，澳大利亚的花卉基因公司（Florigene Flowers）和日本的啤酒 / 蒸馏酒巨头三得利（Suntory）合作，创造出了第一支“蓝色玫瑰”。在长达 10 年的研究和开发之后，基因工程让它成为可能。新的植株拥有了产生淡紫色（不是真正的蓝色，但是更接近蓝色，而且此前同样不可能做到）花的生物化学机制。实现这一点的手段是转基因——人为插入一段基因，这段基因来自一种细菌、一种病毒以及两种和玫瑰没有亲缘关系而且彼此也没有亲缘关系的观赏植物［三色堇和蓝猪耳（wish bone）］。目前，这个名叫“喝彩”（Applause）的品种仅在日本种植。

152

基因修饰生物（GMO）、基因工程植物、基因工程生物（GEO）、基因修饰植物、转基因植物、转化植物、DNA 重组技术产物或者生物技术产物，无论你怎么称呼经过基因工程改造的植物，你一定听说过很多和它们制造的食物相关的消息。在之前的章节中，你已经清楚地认识到数千年来基因修饰一直是植物驯化和后续改良的一部分。因此，尽管“基因修饰”和“GM”常常用作基因工程的同义词，但这种用法并不准确，因为基因修饰描述的是随着时间的推移在一个谱系内发生的基因变化。“随着时间发生的基因变化”当然就是生物学对进化的定义。驯化和植物改良的过程中发生的基因变化就是有意的人为遗传修饰的例子。在这本书里，“经过基因工程改造”和“转基因”用来描述通过一系列最新开发的人为操纵的基因修饰技术发展出的植物，我将这些技术统称为“农业生物技术”（agbiotech，agricultural biotechnology 的缩略词）

这种技术发展得很快，晚于第一代个人电脑，稍早于互联网，第一种成功进行基因工程改造的植物距今不到 40 年。当我写下这些字的时候，距离第一种转基因植物在美国和法国进行最小规模的田间试验才过了 30 年，距离第一种转基因食用植物——晚熟番茄品种“佳味”（Flavr Savr）出现在超市货架上也才 20 年（Charles 2001）。全球范围内，如今每年转基因作物的种植面积高达数亿英亩。虽然听上去很夸张，但农业生物技术是“全世界采用最迅速的作物技术”的说法大概是准确的（James 2015）。

然而伴随它的争议延续至今。整体而言，经过基因工程改造的食用植物和其他植物存在实质上的不同吗？创造它们的过程是否存在某种完全不一样的东西？数十年来，基因工程的一些拥护者将这项技术鼓吹成——特别是对投资者——崭新、完全现代、史无前例的过程。同样，一些反对者宣称基因工程是完全不容于自然界的。无论将这种技术视为天使还是魔鬼，两方都认为 DNA 重组技术是超脱世俗、新颖和独一无二的。

他们都错了。

基因工程只是另一种性。实际上，它是最古老的一种性。

一开始，生命是无性的。

第一批生物进行无性繁殖。这些单细胞原生生物通过简单地复制遗传化学物质（可能是DNA，很可能不是）并分裂成两个单细胞个体实现繁殖。在那个时候，突变频率大概比现在高得多，因为第一批生物还没有进化出一套机制，来抵御当时不稳定的化学环境和遗传化学物质的复制错误。随着不同的突变在不同的无性系中累积，无性系开始进化并变得彼此不同。无法适应环境的基因型遭到淘汰，而成功的基因型继续繁殖。

154

性是在生命诞生之后第一个10亿年里的某个时候进化出来的。一开始，性和繁殖毫无关系。正如在之前章节中提到的那样，研究性的起源与维持的进化学家认为“性”和“基因重组”是一回事，也就是遗传信息的交换导致个体出现新的基因组合。最早的有性单细胞生物进化出基因重组的方式，很可能和如今的单细胞微生物——从相对原始的细菌到相对高级且进化距离遥远的原生动物（和细菌相比，原生动物几乎可以说是人类的表亲）——使用的方法类似。

基因重组的一种方式——或许是第一种类型——是“转化”，指的是一个细胞遇到它生活环境中的外源DNA，然后将它的一部分融入自己的遗传机制中。早在DNA被发现是遗传化学物质之前，英国细菌学家弗雷德里克·格里菲斯（Frederick Griffith;

1928）就发现了转化过程。在讲到转化这种现象时，生物学老师通常只会谈到后来艾弗里（Avery）、麦克劳德（MacLeod）和麦卡蒂（McCarty）的后续研究，并介绍这项研究导致沃森（Watson）和克里克（Crick）发现了DNA的结构。这太令人遗憾了——格里菲斯的研究本身就极具启发性。

细菌性肺炎是一种严重的疾病，而且常常令患上流感的老年人丧命。格里菲斯决定创造一种肺炎疫苗。在当时，研究者们都在尝试用死病原体制造疫苗，这些死掉的生物会刺激免疫系统做出对同一物种的活病原体的攻击反应。他最初的实验使用了属于同一物种的两种不同细菌：一种导致发病，另一种不会导致发病。注射到小鼠体内时，毒性型将小鼠杀死；良性型没有对小鼠造成伤害。毫无意外。当格里菲斯将两种基因型的死细菌注入小鼠，什么事也没发生。仍然毫无意外。但是当活的良性型细菌和死去的毒性型细菌同时注射时，小鼠死了。从死掉的小鼠体内提取活细菌，再将这些细菌注入另一只小鼠，它也死了。活细菌以某种方式获得了死细菌的遗传信息（“被转化了”），并进化成了毒性型细菌。这些意料之外的结果无法帮助格里菲斯找到一种疫苗（Fink 2005）。

一些科学家可能会感到挫败，一次又一次地重复实验，直到得到“正确的”结果。其他人会放弃，开始用其他方法研制疫苗。但格里菲斯是第三类科学家，这类人会用更多实验验证或推翻他们第一次发现的事情，然后，一旦数据得到重复验证，他们

155

就有信心接受科学上的真实。虽然他在开始提出了一项研究问题，但他意识到另一件有趣的事正在发生，而且愿意跟进这条线索，而不是放弃或者以头撞壁。格里菲斯不是化学家，他将自己的发现理解为生物化学上的“转化规律”，将一个生物体的遗传信息转移到另一个生物体上。在这个案例中，它是通过细菌的某种“奸尸”行为实现的。

156

在某些科学家看来，这种解读有一种炼金术的味道，微生物学家奥斯瓦德·艾弗里（Oswald Avery）就是其中一位。他一开始认为格里菲斯的研究结果肯定是马虎大意出了错。但格里菲斯很快得到了其他人的佐证，包括艾弗里的一名同事。此时，艾弗里迷上了这种转化规律，并领导团队最终证明，是活细胞吸收的 DNA 引起了可观察到的基因变化（Avery，MacLeod 和 McCarty 1944）。和此前的零碎研究一起，这些数据成为 DNA 最终被承认是遗传的化学基础的坚实背景。格里菲斯也发现了存在于微生物中的一种有趣的性，这个事实被关于 DNA 的喧闹给湮没了。

某些单细胞生物拥有更复杂且定向的单向或双向基因交流。在适宜的条件下，这些生物会彼此靠近，发生融合或者构建一条细胞质桥。实体接触令遗传物质的运输成为可能。细胞的联合与遗传物质的转移称为接合作用（conjugation）。性行为开始于两个独立的生物，性行为终止于两个独立的生物。但是其中一个或者两个生物都发生了遗传上的改变，从另一个生物那里得到了新的基因，这仍然是不繁殖的性。

不繁殖的基因重组的第三种情况是“转导”（transduction），指的是病毒将一个生物体的一部分遗传物质转移到另一个生物体内。另外，病毒还会将自身基因组的片段留在生物体内。与转化或接合作用相比，这种性行为相对新颖。病毒都是寄生性的，而且有时会致病。它们占据着生命界和非生命界之间的阴暗地带。它们常常不被认为是生物。它们非常古老，因为作为一个类群，它们能够感染所有其他生命。但病毒大概是相对较新的，因为它们是在最初的生命诞生之后的某个时间进化出来的，否则它们找不到任何宿主。就像转化和接合作用一样，以病毒为媒介的性不涉及繁殖。

157

科学家将这些种类的性称为“横向基因转移”，另一种常用的说法是“水平基因转移”（horizontal gene transfer，简称 HGT），因为基因是从一个生物体横向转移到另一个生物体的。这种基因传递不同于更常见的“垂直基因转移”（vertical gene transfer，简称 VGT），也就是你的父母将他们的基因传递给你时发生的事情（必须涉及繁殖）。HGT 为许多微生物物种提供了除突变之外积累遗传变异的另一种重要方式。有趣的是，HGT 偶尔发生在人类认为是不同物种的微生物之间。物种间 HGT 的首次发现让微生物学家有点意外。亲缘关系相当遥远的微生物之间的 HGT 如今已经广为人知（Syvanen 和 Kado 2012）。

虽然细菌的物种间 HGT 发生率很低，但它对于人类有着巨大的影响。细菌以很快的速度进化出了对多种类型抗生素的耐药性，这方面的例子非常多，而且常常就是种内和种间 HGT 导致的。最常见也是最典型的例子是：对甲氧西林有耐药性的金黄色葡萄球菌（*Staphylococcus aureus*），和在医疗机构发生的可怕（而且有时致命）的耐甲氧西林金黄色葡萄球菌病（简称 MRSA，发音是“mur-sa”）有关。这些细菌品系通过彼此之间或者从其他物种那里（包括一些葡萄球菌属之外的物种）搜集基因、不断进化，直到今天还在继续。

令进化生物学家更震惊的是他们发现 HGT 还发生在极为不同的生物体之间，可以是两种生物界之间，甚至可以是单细胞生物和多细胞生物之间。首次发现的跨界的性当然涉及植物。

冠瘿病（crowngall）会导致数百甚至数千个植物物种长出肿瘤。宿主的多样性令人瞠目。容易感染的食用植物从啤酒花到榛子，从杧果到粉红胡椒（pink peppercorn），从西瓜到榅桲，不一而足。导致这种疾病的细菌物种是致瘤农杆菌（*Agrobacterium tumefaciens*）。20 世纪 70 年代末，科学家发现当这种微生物将自己的一段 DNA 插入植物细胞时，这种疾病就会发生。这段 DNA 会让自己结合到植物细胞的一条染色体上。细菌 DNA 劫持了细胞，引导它增殖自身，形成肿瘤组织。与此同时，被转化的细胞产生细菌生存和繁殖所需的特定外来化合物。将 DNA 从细菌转移到植物细胞的细胞间作用过程与细菌之间的接合作用相似。虽然这种致病微生物在扩增，肿瘤在增长，但重组之后的植物细胞不会开花。从被转化的植物 DNA 的角度看，这种跨界性行为是进化上的死胡同。

但并非所有 HGT 事件都是如此。通过跨界 HGT 获得的稳定遗传的基因都曾在植物和动物中检测到。在我开始写这一章的同一天，一项研究发表了（Acuña 等 2012）。为了理解这项研究的重要性，我们需要先了解一下表面覆盖巧克力的浓缩咖啡豆，最后再谈到惹上麻烦的咖啡。

159

虽然很多人饮用的咖啡来自烘焙后的咖啡种子的提取物，但我们很少故意直接去吃种子，而且没有人大把大把地吃。虽然味道不错（尤其是覆盖着一层巧克力时），而且含有大量维生素，但咖啡豆并不适合动物消化。我们说的不是过量咖啡因引起的不适感，我们说的是在这种种子里占一大部分的储能化合物的特殊化学组成。可食用谷物和豆类的种子通常以淀粉或油脂等易于消化的形式储存能量。咖啡种子将它的许多能量储存在一种相对罕见的复杂碳水化合物中，这种化合物名为半乳甘露聚糖（galactomannan）。包括人类在内，动物的身体不制造将这种大分子分解成可利用小分子的甘露聚糖酶。人类的肠道菌群就像结肠里的一座动物园，细菌的数量庞大得难以计数，有数百个物种，包括少数生产甘露聚糖酶的物种（Nakajima 和 Matsuura 1997），可以将这种化合物发酵成更小的分子。那些像我一样饱受乳糖不耐受之苦的人，或者经常服用胃胀药物的人，已经看出我要说什么了。发酵无时无刻不在人类肠道中进行。但是当细菌发酵大量人体的酶无法消化的物质时，后果就很糟糕：肠胃胀气、打嗝、反胃、痉挛，以及其他不良反应。还没有大厨提供使用咖啡渣的菜品，还是将它们用作盆栽基质吧。

不但含有难以消化的半乳甘露聚糖，而且咖啡因的含量对体型很小的动物还有毒性，咖啡树的种子本应没有动物摄食。只有一个例外，没错，但就是这个例外让咖啡陷入困境。咖啡果小蠹（coffee berry borer beetle）是唯一食用咖啡种子的动物。作为咖啡仅有的两种主要害虫之一（另一种吃咖啡的叶片），它每年对这种全球超级作物造成的损失超过 5 亿美元。这种甲虫将卵产在肉质咖啡果里的单粒种子内。咖啡产业将咖啡的果实称为“浆果”（berry）或“樱桃”（cherry）。但是我们这些植物学家知道得更清楚，它是一种核果。[植物学边注：咖啡种子的商品名是咖啡“豆”，然而，“豆”这个词在植物学上专指豆科成员。咖啡是茜草科（Rubiaceae）唯一大规模生产的人类消费品，来自三个亲缘关系紧密的物种。该科小规模生产的消费品包括奎宁和欧楂果（medlar fruit）。和这些相比，你更有可能认识的是该科的著名观赏植物：栀子花。]

这种甲虫的卵孵化出微小的幼虫，在种子里面大吃特吃，将它毁掉。这种甲虫制造甘露聚糖酶，一种将半乳甘露聚糖消化成这种动物可以利用的单糖的酶。在其他昆虫中绝对没有发现过这种酶，而且它甚至不存在于亲缘关系最近的物种苹枝小蠹（false berry borer）。来自哥伦比亚国家咖啡研究中心（Cenicafé）和康奈尔大学的一个合作研究团队（Acuña 等 2012）对这种甲虫的甘露聚糖酶 DNA 进行了测序，并将其与其他几十个物种的甘露聚糖酶 DNA 测序结果进行对比，这些物种包括植物、动物、真菌和细菌。这种甲虫的测序结果和细菌的测序结果最匹配。这种适应性特征和冠瘿病的不同之处在于，细菌的基因不是进化上的死胡同。在并不是特别遥远的进化史迷雾中的某处，有用的细菌基因水平进入这种甲虫的遗传信息内，并且深度融入其中，能够传递到未来的世代。因为它带来了一项生存优势，所以就会继续从亲本传递到子代，就像咖啡果小蠹的其他垂直遗传的信息一样。

161

咖啡果小蠹跨界基因重组（性）的故事只是众多此类故事之一。所有多细胞生物都携带少量由它的某个祖先通过 HGT 获得的基因（Keeling 和 Palmer 2008）。微小的水生动物蛭形轮虫（*Adineta vaga*）是一个遗传组成特别混乱的基因窃贼。这种轮虫采用 100% 的无性克隆方式进行繁殖，人们发现它已经通过 HGT 从植物、真菌和细菌获得了数十甚至数百个基因（Flot 等 2013）。

植物因通过 HGT 获得基因而闻名，因此最终通过垂直方向的性转移到未来世代。植物到植物、病毒到植物、真菌到植物、植物到动物和细菌到动物的转移都有充分的记录（Keeling 和 Palmer 2008）。随着科学家发现更多的例子，HGT 的重要性得到了认识，这种过程可以增加遗传多样性，就像近缘物种的杂交可以传递自然选择和后续适应性进化的原材料一样。两者的区别之一是杂交作为一种 VGT，将两个个体同等分量的贡献混合在一起，而 HGT 在大多数情况下只涉及两个个体之间一小部分遗传物质的交换，或者是一小部分遗传物质从一个个体转移到另一个个体。

第二个区别是，杂交不能发生在两个杂交不亲和的个体之间。植物的种间杂交不频繁，但并非不常见。天然属间杂交很少见，只发生在少数科如禾本科和兰科中（Stace 1975）。自发的科间（或者距离更遥远的）杂交是不可能的。芜菁和大头菜（rutabagas）是芸薹属（*Brassica*）的两个物种。它们可以在有限的程度上杂交。萝卜属（*Raphanus*）的萝卜同属于十字花科（Brassicaceae）。尝试杂交萝卜和芸薹属植物通常会失败，但在极为罕见的情况下，这种杂交会获得成功。成功之后，得到的后代植株是不育的。但是这些根茎类蔬菜不可能和其他科的根茎类蔬菜杂交，例如胡萝卜［伞形科（Apiaceae）］或番薯［旋花科（Convolvulaceae）］。

162

相比之下，HGT 没有界限，它似乎能够在一个物种之内发生，也能在任何物种之间发生。通过跨界 HGT 事件成功融入并可遗传的基因不可能是常见的，因为如果它们是常见的话，生命之树就不可能被视为一棵分叉的树，而现在用任何方法得到的生命之树就是这样高度结构化的分叉树。如果数量极其丰富的 HGT 在进化上获得成功，生命之树会像一张错综复杂、毫无条理的网，互相连接的分支交叉成难以厘清的结。但是这棵树得到了每一种进化分析方法的证实，包括最新的基于基因测序的分子遗传分析，无论用什么方法，它都被清晰地分成了显而易见的林奈二叉式结构。就算是个孩子也能看出来，和鱼类相比，猫和狗彼此之间更加相似。对于多细胞生物，在进化上成功的跨界 HGT 在数年甚至数百年的时间跨度内都一定很稀有。不过，HGT 的发生频率让它足以被检测到，并在特定的进化路径上产生了偶然又深远的影响。

总而言之，水平基因转移是一种自然发生的性过程，它将一种生物的遗传物质转移到另一种生物体内，并且不伴随繁殖。这种转移可以发生在物种之内、近缘物种之间，以及遗传关系最遥远的物种之间。基因工程（包括名为基因编辑的最新技术）是一种人类操纵的过程，将遗传物质引入某种生物体内，并且不伴随繁殖。这种转移可以发生在物种之内、近缘物种之间，以及遗传关系最遥远的物种之间。作为一种过程，基因工程和水平基因转移是一样的。就像人类操纵的选择是一种自然选择一样，基因工程也是一种人类操纵的 HGT。实际上，当植物接受基因工程的改造时，我们说它们被 DNA“重组”技术“转化”了。目前绝大多数携带工程基因的植物是通过两种过程之一被改造的。在植物中首次完成人工 HGT/ 基因工程的科学家使用农杆菌（*Agrobacterium*）作为转化媒介完成了这件事（Charles 2001）。植物基因工程师使用的是致瘤农杆菌（*A. tumefaciens*）的一个“卸甲”菌株，这种菌株失去了导致冠瘿病的能力，但是仍然能够将

163

遗传信息转移到植物细胞中。导致肿瘤的 DNA 是一个呼啦圈形状的“质粒”，会在自然条件下被细菌插入植物细胞，而它被科学家移除了。但是完成转化所需的 DNA 完好无损地留在了细菌里。然后科学家用一个人工制造的质粒取代了致病质粒，人工质粒既含有产生目标效果（例如让植物对一种致病病毒产生抗性）的精选基因，也含有让这个基因在新环境发挥作用所需的全部片段。这个人工质粒还包括一个名叫选择标记的基因，帮助科学家从基因工程改造失败的细胞中挑选出转化成功的细胞。在“蓝色”玫瑰这个案例中，选择标记是一个对抗生素卡那霉素产生抗性的基因。

164

科学家做配对的工作。经过基因工程改造的细菌被引入生长在培养基的植物细胞中，例如悬浮在烧瓶溶液里的个体细胞，或者铺在皮氏培养皿琼脂凝胶上的一层个体细胞。接着就发生了细胞间的风流韵事。科学家挑选出成功转化的植物细胞，方法是杀死那些没有被转化的。如果选择标记是常用的卡那霉素抗性基因，科学家就在培养细胞中添加这种抗生素。植物细胞对卡那霉素天然不具抗性。未转化的植物细胞死亡，唯一生存下来的细胞是人工质粒已经融入它们的基因机制并且正在表达抗性的细胞（Ronald 和 Adamchak 2008）。接下来就该让这些幸存者开始长成我们所认识的植物了。培养植物细胞或组织然后让它们重新长成植株，这种技术在基因工程出现之前已经实行许多年了。室内植物产业每年用这套流程生产数百万株植物。到 1980 年时，在细胞培养中繁育植株的化学配方在茄科植物中应用得尤其好。难怪早期基因工程师总是使用该科的植物。我们的老朋友番茄和它的表亲矮牵牛是最受欢迎的。

第二种基因工程改造过程称为微粒轰击（particle bombardment）、生物弹道（biolistics）或基因枪法（gene gun method）。生物弹道比农杆菌转化法容易描述得多（但不一定更容易操作），需要首先在金属（例如黄金）小球表面覆盖含有转基因的构造和任何必需的附属物，然后将它们轰入植物细胞内。然后，用选择标记鉴定成功转化的细胞。最初的生物弹道实验使用的设备实际上有不少真枪的元素，但一些当代生物弹道“基因枪”更像是高压锅而不是一把步枪。一系列新的基因编辑技术正在引起骚动。这些技术有奇异的名字，例如 CRISPR（成簇的规律间隔的短回文重复序列）、ZFN（锌指核糖核酸酶）和 TALEN（转录激活子样效应因子核酸酶）。尽管它们能够更加精确地改变基因，这些技术在本质上仍然符合基因工程的定义。虽然它们引起了不小的反响，但在不远的将来，基因工程的大部分植物产品仍然很可能来自农杆菌转化法或生物弹道转化法，因为这些方法创造出的许多植物已经在预商业化的流水线上了。

被农杆菌转化法或生物弹道技术转化的细胞一旦生长为成熟的植株，它们必须经过进一步的检查。基因工程就像任何其他植物改良方法一样，其周期包括创造遗传变异和新颖性，以及随后的选择和评估。在公众讨论中和某些制定科学政策的地方，一个常见的误解是转化后的植株可以直接从实验室进入田野扩繁，用于商业种子生产。但是在经过基因工程改造的种子可以出售并用于商业生产之前，其他步骤是必要的。首先，对生长在培养箱和温室里的植物进行初步评估，确保没有发生对最终产品的品质产生不利影响的明显非预期遗传变化。对经过基因工程改造的食用作物进行测试，通常包括从基本的生长势测量到全套营养素和其他生化分析的所有项目。就像在传统植物改良中一样，同样会有数量庞大的个体被淘汰。还要做实验，证实转基因稳定地融入选中植株的基因组里。也就是说，它显示出典型的孟德尔式遗传和表达模式。针对市场的转基因植物的创造者肯定不希望有任何令人不愉快的意外。

所表达的新性状令基因工程师满意的最典型品系一旦被挑选出来，就在温室里扩繁种子，以期在田间种植这些植物。田间试验是必要的，以确认目标性状真的会在这种作物的一系列预期种植环境下表达，以及转基因植物拥有良好的产量和优质的产品。在可以进行转基因植物的田间试验之前，计划中的程序必须经过监管审查。全世界有很多国家根本不允许转基因植物的田间测试，而且目前还没有一个国家允许所有转基因植物在没有政府监管机构批准的情况下自由种植。在美国，批准实验室外种植转基因植物的权力属于两个机构：美国农业部（USDA）的动植物卫生检疫局（Animal and Plant Health Inspection Service，简称APHIS），因为它已经拥有对“植物性有害生物”的管辖权；美国环保署（Environmental Protection Agency，简称 EPA），因为它已经拥有对保护植物的产品（主要是杀虫剂）的管辖权。美国的绝大多数田间试验申请可以通过 APHIS 走相对简单的“公告”流程，在公告中描述被转化的生物、田间试验的内容，以及用于防止转基因种子、花粉或植株逃逸到试验田之外的方法。如果公告合格，APHIS 只是“确认”公告，然后申请人就可以进行试验了。某些类型的田间测试必须对 APHIS 提出更复杂的申请并请求批准，例如经过基因工程改造的植株是用来生产药物化合物的。对于一种转基因植物进行一次申请，就可以要求在一个或多个地点开展田间测试。为抵御害虫而进行基因工程改造的植物必须受到 EPA 的额外监管。

167

只是美国这一个国家，自从 1987 年的第一份申请以来，如今已经有将近 2 万份田间测试申请获得了批准。记住，对田间测试的一次批准可以让同一种转基因植物同时在不同地方进行田间试验，甚至可以在不同的州进行。生物种类和测试的性状令人震惊。想看看名单吗？美国农业部动植物卫生检疫局管理的一个网站[①]将这些信息记录在一个可搜索的数据库里。如果我们假设每个被批准的申请真的意味着后续的田间测试，那么在美国已经有超过 150 个转基因物种（植物、微生物和病毒）进行了受控条件下的田间测试。这里是一张有代表性的名单：苹果、大麦、咖

① https：//www.aphis.usda.gov/aphis/ourfocus/biotechnology/permits-noti cations-petitions/sa_ permits/status-update/release-permits.

啡、石斛属（*Dendrobium*）兰花、大桉（*Eucalyptus grandis*）、亚麻荠（false flax，一种欧洲油籽作物，“令人愉悦的黄金”）、葡萄、嗜菌异小杆线虫（*Heterorhabditis bacteriophora*；一种有益的线虫，用在园艺中防止昆虫危害植物）、鸢尾、草地早熟禾（Kentucky bluegrass）、来檬、万寿菊、粉蓝烟草（*Nicotiana glauca*）、燕麦、胡椒薄荷、辐射松、大豆、烟草花叶病毒（没错，甚至连经过基因工程改造的病毒都进行了田间测试）、西瓜，以及野油菜黄单胞菌辣椒斑点病致病变种（*Xanthomonas campestris* pv. *vesicatoria*；在辣椒和番茄中引起黑斑病的细菌）。

美国批准的数百个进行田间试验的基因工程改造性状的代表性清单同样很有启发性（USDA-APHIS 2017）。如果你试图浏览一下这张按照字母顺序排列的清单，再仔细想想吧。它包括一些让人惊叹的内容：快速成熟、分枝减少、分枝增加、CBI（保密商业信息）、推迟开花、花期延长、雌性不育、花蜜糖含量增加50%、GEP（绿色荧光蛋白，基于一个来自水母的基因；很常见）、耐热、经过改良的面包烘焙特征、缩短幼年期、对卡那霉素的抗性（见上文）、更长的茎、雄性不育、不可申请（什么！？）、生产欧米伽-3脂肪酸、生产药物蛋白质、耐喹禾灵（Quizalofop，一种除草剂）、减少尼古丁、种子淀粉含量降低蛋白质含量增加、诱发植物防御响应、生产疫苗、抗玉米根萤叶甲、抗野油菜黄单胞菌（*Xanthomonas campestris*；引起“黑斑病”的病菌）、增加产量，以及抗小西葫芦黄化花叶病毒（后来还有更多）。生物和性状组合的多样性令人难以置信。想要了解更多信息，可登录美国农业部动植物卫生检疫局的网站浏览。

在美国，并非所有经过基因工程改造的作物都受到监管。对于动植物卫生检疫局（APHIS），只有转基因生物和“某种植物健康风险”存在真正的关系，它才会受到生物技术管理处（Biotechnology Regulatory Services，简称 APHIS-BRS）的监管。多年来，转基因产品的开发者出于礼貌，将产品送往 APHIS-BRS 审查，即使这些产品是用生物弹道技术创造的，不含有任何来自植物性有害生物的基因（在这种情况下，监管措施是不需要的）。这种情况在 2011 年发生了变化，史考兹奇迹公司（Scotts Miracle-Gro Company）向 APHIS-BRS 寄了一封信，咨询使用生物弹道技术创造并不含任何来自植物性有害生物的基因的转基因草地早熟禾的监管现状。草地早熟禾本身不在联邦政府公布的有害杂草清单上。史考兹奇迹公司认为这种产品不会触发任何监管。APHIS-BRS 表示同意并确定这种转基因禾草不在它们的管辖范围之内。经过基因工程改造出的性状是对一种除草剂的耐性，没有杀虫作用，因此，EPA 也不能监管它（Waltz 2012）。美国食品药品监督管理局也是为美国转基因植物成立的“生物技术监管合作框架”的一部分，但是草坪草很显然不是它们的管辖范围。

这是否意味着不可能得到在美国种植的转基因植物的全面清单？并非如此。为了减轻自己的责任，基因工程师们在田间试验之前想要 BRS 进行某种形式的判定。BRS 为信息透明起见，维护着一个网站，上面列着名为“我受监管吗？”的询问和判定。[①] 到 2017 年底，一共有不到 60 条判定。虽然大多数判定的结果是某种转基因产品不受监管，但是很容易从这番通信看出，BRS 并不总是为基因工程师们提供免费通行证。据我所知，在绿灯放行的产品中，目前没有一种是在美国可以买到的。有些还在进行田间测试，有些在美国之外的其他地方可以买到，有些显然已经进入了失败农业生物技术产品的庞大墓地。

170

获取其他国家的田间试验相关信息取决于具体的国家。有些国家拥有容易找到、使用便利的数据库，例如澳大利亚和加拿大；有些国家的数据库不好用或者压根就没有数据库。保守的猜测是，美国之外转基因生物田间试验的数量差不多和美国一样。如果这个假设是真的，那么全世界就有大约 4 万份田间试验申请得到了批准。考虑到在四分之一个世纪里，如此之多的基因工程产品进行了如此之多的测试，我们或许会指望市场上充斥着丰富多样的转基因作物，展现五花八门的各种性状，但是我们想错了。几乎所有与公众可获得的基因工程产品特性有关的内容都不能压缩成一段简短的描述。极端拥护派和极端反对派都喜欢挑选有利于他们立场的事实，编写出一个个充满感叹号的故事。如果你对“他们不想让你知道”（无论“他们”可能是谁！）的事情感兴趣，

① https：//www.aphis.usda.gov/aphis/ourfocus/biotechnology/am-i-regulated.

继续看下去。例如，在全球范围内，监管者在四分之一个世纪的时间里允许大约150个不同的作物-性状组合有机会走向市场（也就是说，他们解除了对它们的监管）。考虑到接受过田间测试的数千个组合，这个数字并不多。但是实际上，目前得到种植的商用转基因植物的实际数量比远远少于150个。为了便于阐述，让我们只看物种的数量。

和关于这个话题的许多常常草率马虎的啰唆话相反，“解除监管”和“商业化”并不是同义词。实际上，某些曾经商业化的转基因作物可能再也买不到了。虽然没有网站记录所有被接触监管的作物-性状组合，但国际作物生命协会（CropLife International）提供一个在线数据库（www.biotradestatus.com，附带一份恰当的免责声明），试图跟踪记录和一些规模较大的农业生物技术公司相关的转基因作物解除监管状态。这份解除监管清单包括大约30个不同的植物物种（可食用和不可食用的都有），但只有大约一半（13个）真正在全世界某个地方的市场上出售。在我将这句话添加到最终的手稿里时，有一个物种（苹果）刚刚加入它们的行列。就像农业生物技术的其他方面一样，各个物种的分配是不均匀的，我们不久就会看到这一点。在来自DNA重组技术的作物中，只有4种作物有全球性的大规模生产。大豆是不言而喻的，转基因大豆的全球种植面积几乎占所有转基因物种种植面积的一半，玉米名列第二；这两个物种的种植面积超过转基因作物种植总面积的70%。再加上棉花（第三）和油菜（第

171

四)，这个比例就达到了大约 99%。[全球生物技术作物的现状的相关说明：在上文和下文中，我使用了国际农业生物技术应用服务中心(International Service for the Acquisition of Agri-Biotech Applications)的 ISAAA 51-2015 简要幻灯片和表格(ISAAA 51-2015 Brief PowerPoint Slides and Tables)，以及 ISAAA 基因修饰准许数据库(ISAAA's GM Approval Database)作为我的资料来源。[①] 关于全球农业生物技术作物现状的数据库，没有一个是完美的，包括 ISAAA。然而，ISAAA 积累和报告的全球情报是我在这个领域工作 30 年以来见到的最全面的信息。如果只看美国，USDA-APHIS 的网站是最好最直接的信息来源。]

绝大部分种植面积都贡献给了数量如此之少的作物物种，也许你会认为它们并不重要。那你就错了。例如，如果你生活在美国——种植在这里的大豆、玉米、棉花和油菜 90% 以上是转基因的，那么每天都和这“四巨头”之一的产品打交道是不可避免的。大约 80% 的美国加工食品含有四巨头中的一种或更多成分。例如，我刚刚吃掉一块燕麦蜂蜜麦片棒。它的包装告诉我，这种食物的配料包括菜籽油、黄玉米粉、大豆粉和大豆卵磷脂。同样列在配料表里的糖可能是美国糖用甜菜(很大一部分是转基因作物)，或者是非转基因的蔗糖作物。另外，就在此时此刻，我穿着含有相当多棉花成分的衣服(T 恤、内衣、袜子、牛仔裤)。

① www.isaaa.org/resources/publications/briefs/51/pptslides/default.asp; www.isaaa .org/gmapprovaldatabase/default.asp.

如果这些棉花产自美国（或者中国，我的牛仔裤的制造地），那么我敢拿买甜甜圈的钱和你打赌，为棉线提供原材料的植物是转基因的。

棉花还会进入一些食物之中。来自棉籽的短纤维有时会被加工成食品添加剂，用于改善冰激凌和沙拉酱的口感。从棉籽中榨出的粗油不适合食用，但精制过程会减轻棉籽油的气味，并大大降低化合物棉子酚的浓度。曾有人建议将棉子酚作为男用口服避孕药，直到人们发现有效的杀精剂量接近致死剂量才作罢（Waites，Wang 和 Griffin 1998）。在全世界的可食用种子油中，就产量而言，精制棉籽油在 2016 年名列第六。它的名字常常和多种其他植物油一起出现在加工食品的配料表里。另外，凤尾鱼和沙丁鱼罐头有时也使用棉籽油。

转基因作物种植在哪里？下面是我们所知的 2016 年的情况：面向市场的基因工程改造作物一共有 1.85 亿公顷（4.57 亿英亩）的种植面积，分布在所有适宜人类居住的 6 个大洲的 27 个国家。这看上去不少，但其中另有隐情。在第一种商业化转基因作物上市之后 20 多年的时间里，绝大部分转基因作物种植面积仍然局限于 3 个大洲上的 5 个国家。排名前两位的国家是美国和巴西（和第一名差得远），拥有的种植面积远远超过总面积的一半。如果你再加入 3 个国家（按照递减顺序）——阿根廷、加拿大和印度——这个比例会上升到 90% 以上。一些曾经种植转基因作物的国家（例如伊朗、瑞典）已经停止了，至少目前是这样。

转基因在很大程度上局限于主要种植在少数国家的少数几种重要作物，而且在全球出售的超过 90% 的转基因种子也局限于少数几家公司（而且数量还在减少）。在很长一段时间里，种子公司和生物技术公司一直在合并、分裂和改名，其中合并是主流。在 2015 年之前的 10 年里，局势相对平静。孟山都公司（Monsanto）占据头把交椅，而其他 4 个公司在全球种子市场有举足轻重的存在感：拜耳作物科学公司（Bayer Crop Science）、陶氏益农公司（Dow AgroSciences）、先锋公司（Pioneer，杜邦旗下企业）和先正达公司（Syngenta）。作为目前的农业生物技术领导者和全世界最大的种子公司，孟山都最开始是一家化学公司，后来通过购买将近 20 家种子公司以及吞并一些小型农业生物技术公司——包括开发了著名番茄品种“佳味”的卡尔京公司（Calgene）——彻底向生物学方面转型。正当我写下这些字的时候，位于美国的孟山都和德国拜耳集团（包括拜耳作物科学公司）正在努力促成一项并购业务，目标是创造一个更大的巨头。同样地，作为陶氏 - 杜邦并购的一部分，陶氏益农公司和先锋公司也已经合并了。位于瑞士的先正达本身就有漫长且非常复杂的历史，现在已经成为中国化工集团（ChemChina）的一部分。除非全球化的浪潮撞击在某种意想不到的防波堤上，否则当你读到这些话的时候，全世界的大部分农业生物技术业务都将掌握在三家超级公司手里。

174

基因工程改造植物的非商业来源呢？对于价值数十亿美元的

公司而言，监管障碍相对容易跨越，然而对于预算比较紧张的非营利机构，监管障碍足以令人畏缩不前。到 2017 年底，美国已经解除了 123 个不同的作物 - 性状组合，其中 119 个是营利实体创造的。在剩下的 4 个当中，3 个来自大学：在萨斯喀彻温大学（University of Saskatchewan）创造出的耐除草剂的亚麻，以及分别出自康奈尔大学和佛罗里达大学的对番木瓜环斑病毒有抗性的两种不同类型的番木瓜。剩下的那种作物是美国农业部农业研究局（Agricultural Research Service）制造的转基因欧洲李，它有对李痘病毒的抗性。亚麻和欧洲李目前在市场上都买不到。

主要转基因作物甚至携带着更少的主要转基因性状。绝大部分种植面积（远远超过 90%）贡献给了耐除草剂、抗虫或者同时结合这两个性状的类型。携带多个转基因的基因工程植物常被称为“堆叠的”（stacked）或“金字塔形的”（pyramided）——这是农业生物技术在描述携带不止一个基于转基因的性状的植物时说的行话。未堆叠的除草剂耐性是这两个重要农业生物技术性状中更常见的，在全世界转基因作物的种植面积中占据大约一半的份额。全世界的所有转基因苜蓿、糖用甜菜和油菜大田里种植的全都是不受一或两种广谱除草剂伤害的植株。玉米、大豆和棉花的商用转基因品种要么是耐除草剂的，要么是抗虫的，或者同时堆叠了两种性状。但就算是对于这些物种，除草剂耐性也是主流。

除草剂（即杀死杂草的药剂）的应用已经有几十年的历史了，但它们的用量在 20 世纪后半叶出现了井喷。一开始，广谱除草剂很少见。当时的除草剂通常对一类植物有毒性，但对其他植物没有影响。种植大豆的农民可能会发现某种除草剂会将他地里所有属于禾本科的杂草全部杀死，再使用另一种或者更多种除草剂才能杀死那些不是禾草的杂草。同样地，不同作物对不同种类的除草剂有天然抗性。基因工程提供了一种非常吸引人的可能性。如果可以将一种植物改造得能够忍耐一种杀死所有其他植物的除草剂呢？这个梦想最先在除草剂草甘膦［孟山都产品“农达”（Roundup）的活性成分］身上实现了。人们已经知道草甘膦有杀死所有植物的效果，通常使用相当低的剂量就能实现，与此同时对人类和其他高等脊椎动物的毒性非常低[①]（它一开始被提议用作婴儿睡衣的阻燃剂）。和早期某些很受欢迎的除草剂相比，草甘膦的另一个优点是它会相对快速地分解成无害化合物。既然草甘膦善于清除一块田野里的所有植物，种植耐草甘膦转基因作物的农民就能得到一小块没有杂草的整洁田地（除非杂草最终进化出对这种除草剂的耐性）。孟山都的科学家在致瘤农杆菌的一个菌株里发现了第一个耐草甘膦基因。考虑到孟山都已经申请了将草甘膦用作除草剂的专利，剩下的事情就顺理成章了。耐草甘膦是全世界最重要的商业转基因作物性状，无论是和其他性状堆叠还是单独出现。

176

大多数转基因抗虫性以种植有机产品的农民已经使用过的

① 关于草甘膦的副作用，尚需更多的科学研究和观察，此处尊重原文进行翻译，请读者谨慎判断。——编者注

某种杀虫剂为基础。人们发现土壤细菌苏云金杆菌（*Bacillus thuringiensis*，简称 Bt）携带的不同蛋白质对相对特异的昆虫类型有毒性。与可能杀死任何一种昆虫的广谱杀虫剂相比，特定的 Bt 蛋白只对某个昆虫类群有毒性，例如蛾子和蝴蝶（鳞翅目）或甲虫（鞘翅目）。每个类群可能包括数十万个已得到描述和未得到描述的物种，但是传统杀虫剂常常杀死数百万个昆虫和非昆虫物种。另外，目前没有发现 Bt 蛋白对人类健康的影响。无论是过去还是现在，都有一些农民将死去的 Bt 细菌或细菌提取物洒在自己的植物上。作为一种天然杀虫剂，Bt 很适合在有机农业中使用。

很大一部分抗虫转基因作物（主要是 Bt 玉米和 Bt 棉花）的转基因中融入了一个制造 Bt 鳞翅目昆虫杀灭蛋白的基因（通常进行了微调）。这种植物自己携带杀虫剂，并将它表达在最有可能被目标昆虫食用的组织里。Bt 棉花是植物基因工程师们的成功故事之一，特别是在中国和印度。在这些地方，杀虫剂在棉花作物组织里的表达已经导致其他曾经外部使用并常常对人类健康造成巨大风险的杀虫剂的用量剧烈下降［美国国家科学、工程和医学院（National Academies of Sciences, Engineering, and Medicine）2016］。因为棉花的一部分害虫既不是蛾类也不是蝴蝶，所以仍然必须使用一些杀虫剂。然而在中国和印度，每年因为杀虫剂相关的死亡事件都大大减少了。Bt 作物不能被美国的有机种植商使用，因为按照合法的定义，“有机”产品的生产方式将种植转基因作物排除在外。

177

与耐草甘膦和抗鳞翅目昆虫这两种性状的大规模应用相比，其他转基因性状的应用仍然有限。一个例子是先正达公司的Enogen玉米。耐除草剂和抗虫性的设计是为了帮助农民。但是这种玉米得到了一个对于生物燃料行业很有价值的性状。在Enogen玉米中，转基因会制造一种专门设计的酶，这种酶将玉米种子里的淀粉分解得更容易制造生物燃料乙醇，成本也更低廉。随着基因工程改造的酶在玉米种子里表达，以玉米为原料进行乙醇的工业生产的一整个步骤都被省略了。此外，这个过程的环保程度也大大提升，因为它节省了水和能源。Enogen玉米的例子表明，虽然基因工程的过程可能有些历史，但产品种类仍然可以非常新颖。基因工程的过程和此前的植物改良过程之间的主要区别更像是程度上的区别，绝不是非黑即白，二元对立的。基因工程可以比以往更快地创造特定类型的产品，但这不是说传统植物育种者不可能创造出适合制造生物燃料的类似玉米，只是他们花的时间要更长一些。

或许不会。在下面这个例子里，一种转基因产品和它的非转基因同类型产品同时推向市场。有一种南瓜通过基因工程改造获得了对两种特别恶劣的病毒害虫的抗性，并在1994得以商业化。在同一年，通过传统方法提高了对同种病毒的抗性的南瓜亦上市销售。如前文所述，极少数解除监管的作物在基因工程改造中获得了对致病病毒的抗性，除了番木瓜和欧洲李，还有一种作物。转基因抗病毒夏南瓜的种植面积比另外两种加在一起还大。和四巨头不同，转基因南瓜品种并没有令非转基因品种黯

178

然失色。多年以来，它们一直成功得足以在市场上和非转基因南瓜共存，甚至和抗病毒的非转基因竞争品种共存。

夏南瓜是我们这一章的主题作物。它的故事将带领我们从水平基因转移完整地回溯到传统类型的性。夏南瓜不是一种特别有名的转基因作物。正因为它是个失意者，它的故事才特别有吸引力。它只在美国被批准种植，在追踪转基因作物生产及农民应用转基因作物的任何一个美国统计数据库中，我都找不到对它的记录。ISAAA 的年度报告几乎没有提到过它。

南瓜是最古老且连续使用的基因工程改造作物。20 世纪 90 年代初，中国的抗病毒烟草是第一个商业化的转基因植物产品。如今它早已成为过去式。很快，"佳味"番茄成为第一种商业化的转基因食用作物，但是在引进市场仅仅数年之后，它也从市场货架上消失了。和都市传说截然相反，目前我们的商店里没有经过基因工程改造的番茄或番茄制品。关于"佳味"番茄的荣辱兴衰，我推荐贝琳达·马蒂诺（Belinda Martineau）撰写的它的传记，《第一个果实》（*First Fruit*, 2001）。这些早期产品并不是所有早早消亡的转基因作物。生物技术的恐龙博物馆还包括其他最终走向市场的作物（例如尼古丁含量低的烟草），以及很久之前就被解除监管但最终未能投入使用的作物（例如雄性不育的菊苣，耐除草剂的水稻）。当然，恐龙总是有可能复活的。抗病毒南瓜自 1994 年解除监管以来一直存在于市场上。

179

被我们称为“南瓜”（squash）的东西有点复杂。三个不同的南瓜物种——都属于南瓜属（cucurbita）——都是全球范围内的重要“南瓜”。美洲南瓜（*cucurbita pepo*）是唯一拥有抗病毒品种的物种。目前买不到任何其他转基因南瓜，也没有任何推出其他商用转基因南瓜的计划。这种一年生作物被人类修饰基因的历史已经有1000年了。夏南瓜（summer squash）可能是第一种被驯化的新世界作物，大约1万年前首次作为驯化作物出现在考古记录里。几乎所有类型的夏南瓜都是美洲南瓜。夏南瓜型的美洲南瓜通常是在果实尚未成熟、果皮柔嫩时烹饪食用的。你在吃它们的时候，会发现它们的种子尚未发育完全，很小而且柔软：如曲颈南瓜（crook-neck）、飞碟瓜（pattypan），等等。它们的花也可以烹饪食用——煎、烤、酿、做汤，等等。但并非所有美洲南瓜都是夏南瓜。

所谓的“冬南瓜”（winter squash），是种子大而坚硬、成熟时采摘的，此时它的果皮很坚韧。有些冬南瓜是美洲南瓜，例如橡子南瓜（acorn squash）和金丝南瓜（spaghetti squash）。胡桃南瓜（butternut squash）是中国南瓜（*Cucurbita moschata*）。胡桃南瓜是我最喜欢的冬南瓜。试试将它与橄榄油、培根油和黄油三者的混合物一起慢烤，淋枫糖浆，再洒上磨碎的干百里香。第三个物种是笋瓜（*C. maxima*）[①]。毛茛南瓜（buttercup squash）和哈

180

① 其学名种加词 maxima 的意思是最大的。——译注

巴德南瓜（hubbard squash）是最好的笋瓜冬南瓜。但是别满足于这种简单的分类。每个物种都表现出不可思议的高度变异，这些变异来自很多人数千年来的遗传干预，他们的创意不逊色于那些为我们培育了爱尔兰猎狼犬、西施犬和拉布拉多犬的人。思考一下圆形大南瓜（pumpkin）。取决于特定的品种，你的南瓜灯可能是某种尺寸巨大的南美南瓜、中国南瓜或笋瓜。顺便说一句，被子植物的最大的果实就是南瓜。2016 年，《华盛顿邮报》（Barron 2016）报道称，比利时农民马蒂亚斯·威廉明斯（Mathias Willemijns）“用一个重达 2624.6 磅（1190 公斤）的超级大南瓜”创造了世界纪录。这个重量和一辆丰田卡罗拉汽车只差大约 100 磅，大约相当于两头雄性驼鹿。假设去皮去籽后按照重量计算，可得到 92% 的南瓜果肉，那么这个大家伙可以为超过 2600 个南瓜派提供原材料。食品店里的圆形大南瓜主要是美洲南瓜，而这个冠军南瓜是（猜得没错）笋瓜。

南瓜所属的科拥有丰富多样的食用植物和其他有用的植物。你大概已经猜到了，黄瓜和各种葫芦属植物也是葫芦科（Cucurbitaceae）的成员。不止这些，还有西瓜和其他甜瓜，佛手瓜——一种只含 1 粒种子的水果，是中美洲的主要“蔬菜”，以及丝瓜（植物海绵）。直到最近才被美国人认识的苦瓜，越来越多地出现在农贸市场和亚洲食品店里。刺角瓜的外貌和味道都像来自外太空，但它实际上原产于非洲。

葫芦科是一个成员之间关系紧密的科。一旦你认识其中的一

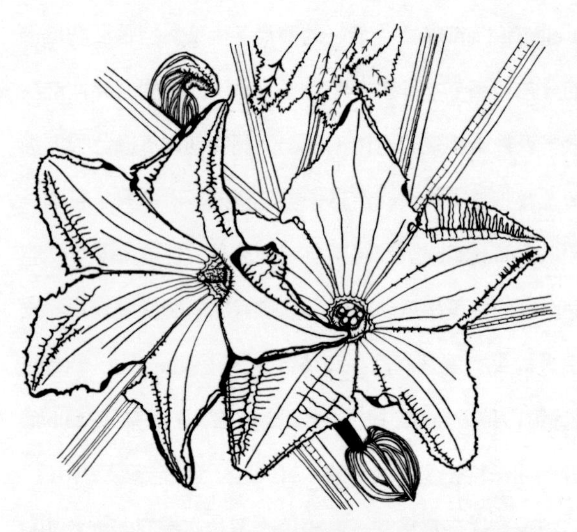

图 6.1　夏南瓜的雄花（左）和雌花（右）。两个花冠的正面视图都显示出 5 枚合生花瓣。背景里有这棵植株的一些已经衰老的花，其中一朵花附着在一个已经开始膨大的西葫芦上。

181 种植物，你就能辨认出它的所有将近 1000 个物种。它们是叶片多毛的攀缘或蔓生植物，要么是真正的草本藤蔓，要么是木本藤蔓（恰当的称呼是藤本植物）。和茄科一样，某些有趣的化合物也是该科的特征。最著名的是葫芦素（cucurbitacin），它是最苦的天然化学品之一。葫芦科植物开单性花，因此这些物种是雌雄异株或雌雄异花同株的。这些花通常比在前面的章节里见到的那些花大。雄花和雌花都拥有 5 枚绿色叶状萼片，更醒目的是 5 枚硕大的花瓣，花瓣常呈黄色，通常彼此合生。取决于物种，雄花拥有 1~5 枚在某种程度上合成的雄蕊。182 对于葫芦科植物的雌花，形成果实的雌蕊群位于花被之下。这种“下位子房”在开花植物科中很少见（不过香蕉也是其中之一）。如果你得到一只连着花的幼嫩西葫芦，你就很容易看出果实如何长在花的底部。果实通常是三心皮浆果。下一次你将黄瓜横着切开时，看看种子是如何排列成三份的。果实在成熟时常常有坚硬的外皮。植物学家决定将拥有坚硬外皮的浆果称为“瓠果”（*pepo*）。而 *pepo* 正是一种甜瓜的拉丁语名字。

夏南瓜的花是葫芦科的典型。它的雄花和雌花都有艳丽的五裂橙黄色花冠，形状就像一顶松软的婴儿帽，坐落在不起眼的绿色花萼上。合生花瓣形成的花冠长可达 4 英寸。雄花中央的醒目雄蕊扭曲合生在一起，形成一个圆锥状结构。（将雄花挂糊煎炸，

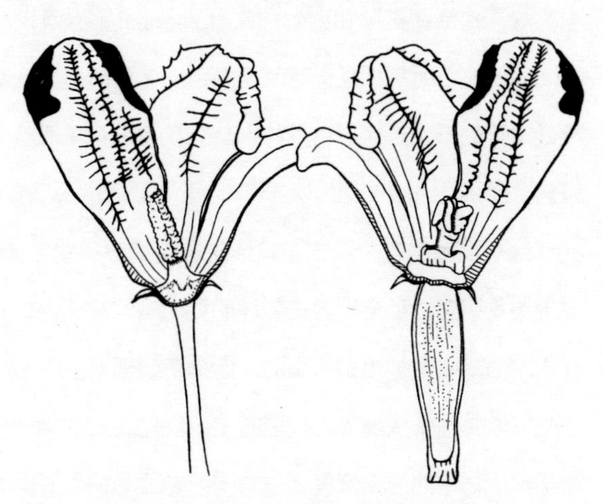

图 6.2　夏南瓜成熟雄花（左）和雌花（右）的侧剖图，分别露出雄蕊和雌蕊，还能看到细小的萼片。雌花的下位果正在膨大发育成一个西葫芦。

味道很好！）雌花的中央有三个耳形柱头裂片，等待着接受花粉。拥有如此硕大醒目的花，你就知道这样的植物是动物授粉的——对这种植物而言，授粉者是昆虫。栽培美洲南瓜一开始的主要授粉者是“南瓜蜂”（squash bee），它是新世界的一类花粉采集者，专门造访葫芦科的花。这些熊蜂大小的美丽生灵至今仍然常常发挥作用，而且它们干得很不错。来自旧世界的驯化蜜蜂可以影响授粉，但效果较差。研究表明，当南瓜蜂和蜜蜂同时存在的时候，一棵植株上的绝大多数瓠果是野生本土南瓜蜂授粉导致的。其他授粉者包括熊蜂和黄瓜甲虫（cucumber beetle）。

如上文所述，栽培美洲南瓜拥有惊人的遗传多样性。除了橡子南瓜、曲颈南瓜以及一些难以与笋瓜区分的圆形大南瓜，这个物种还包括在美国和意大利称为 zucchini 而在英国和法国称为 courgette 的西葫芦。在全球范围内，后者可能是美洲南瓜这个物种最常见的形态。这个物种的大部分果实在种子成熟很久之前就采摘食用了。

这是很重要的一点。在我读研究生的日子里，溽热的夏季，自带菜肴聚餐总是会有各式各样的夏南瓜，它们是那些幸运地拥有花园的动物学学生们带来的。西葫芦饼通常能吃，而且常常挺好吃，但其他做法就不怎么能吃了。问题在于动物学学生不是植物学学生，他们带到聚餐上的西葫芦是成熟的，长得很大。它们的尺寸接近三年级小学生用的棒球棍，可口程度也相差无几。厚厚的切片通过蒸煮、煎炒和烘烤等方式进入砂锅菜、千层面、什锦菜，甚至是沙拉里。这些西葫芦块水汪汪的，以至于无法吸收酱汁，无论酱汁是用后院番茄还是用美国干酪做的。幸运的是，寡淡的滋味几乎没有被我们注意到，因为我们正在努力嚼烂口感像气球的表皮和十分硬币大小的坚硬种子。两三个夏天之后，我对任何拥有绿色表皮并带有一片浅黄色斑点的长条状物体产生了负面的巴普洛夫反应。如果聚餐之后还是饿的话，去一趟便利店就能解决：一块好时杏仁巧克力，一袋乐事奶焗香葱薯片，再加一罐七喜汽水。我亲爱的温柔的妻子（一位植物学家）用长达数年的烹饪疗法——文火烹调、吸满酱汁并且恰到好处的未成熟的夏南瓜——最终治愈了我对美洲南瓜的厌恶。在那以后，我了解到那种长得巨大的瓠果在某些英国人眼里是“蔬菜精髓”，他们将它的籽挖出来，然后填充风味馅料，小火烹饪，让滋味进入果肉。但是对我而言，棒球棍大小的成熟西葫芦仍然令人恐惧。

一个无法食用的成熟夏南瓜对我而言是非常恐怖的，对于种植任何一种葫芦科作物的农民，一棵被病毒感染的植物也是同样可怕的。感染植株会有变形的叶片和花。果实发育不良并变形。果实原本为绿色的品种出现黄色斑点，而黄色品种出现绿色斑点。消费者不会买这样的果实，植物产量下降，可能发生的最坏状况是完全绝收。这些瘟疫有不止一种：黄瓜花叶病毒（CMV）、番木瓜环斑病毒（PRSV）、西瓜花叶病毒2号（WMV2）和小西葫芦黄化花叶病毒（ZYMV）是最常见的罪魁祸首。

20世纪90年代初，创造转基因抗病毒南瓜的时机成熟了。

在20世纪80年代进行的研究找到了一个有希望实现病毒抗性的妙招。要想理解这个妙招是如何起作用的，我们需要了解一点病毒生物学。病毒的结构很简单，它包括被蛋白质外壳保护的遗传物质。蛋白质外壳基本上由彼此相同的子单元构成，它们像乐高积木的零件一样拼接在一起，形成类似锁子甲（chainmail）的被膜。仅此而已。对特定致病植物病毒的抗性是相对容易构建的。植物病理学家发现已经被病毒感染的活细胞有时拥有抵御更多病毒入侵的免疫力。例如他们了解到，如果用一种和致病病毒拥有紧密亲缘关系的无害病毒处理植物，这些植物有时会对致病病毒产生免疫力。科学家们推断，如果植物细胞接受基因工程的改造，从而低水平表达无害病毒的外壳蛋白质，应该会得到一定程度的抗性。他们是对的（Beachy，Loesch-Fries和Tumer 1990）。在涉及一系列不同植物和来自其致病病毒的基因的实验中，科学家们对植物细胞进行转化，令其整合并表达单个病毒外壳蛋白基因。转化后的植物表达这个基因，在其细胞内产生低水平的外壳蛋白。这种植物对贡献该基因的同一种病毒的感染部分或完全免疫。需要注意的是，这种转基因可以构建没有繁殖能力的外壳蛋白子单元，但它不能构建病毒的剩余部分。该研究合乎逻辑的结果是为农民创造一种抗病植物。科学家知道外壳蛋白不会对人类健康造成危害，因为此前对超市货架上外表光鲜的产品的调查显示，水果和蔬菜常常含有足以被检测到而且具有充分活性的植物病毒，其浓度水平高于在转基因植物中表达的外壳片段。此外，

186

曾有数千代饥饿的人类吃掉了被病毒感染后发育不良的畸形果实和蔬菜，但没有产生任何不良影响。

1992 年，普强 / 安斯格公司（Upjohn/Asgrow）向 APHIS-BRS 申请对 ZW-20 解除监管，这是一个经过基因工程改造的美洲南瓜品种，通过农杆菌介导转化法分别得到西瓜花叶病毒 2 号和小西葫芦黄化花叶病毒的外壳蛋白表达基因，从而获得了对这两种病毒的抗性。如前文所述，农杆菌转化法足以触发 APHIS-BRS 对一种植物的监管。APHIS-BRS 在解除监管（让转基因植物不再是监管对象）方面的考量基本上是一份判决书，判定的是和按照传统方法创造的不受监管的作物相比，基因工程对作物的改变是否让它更有可能成为“植物性有害生物”。（如今需要提交一份环境影响报告书。）如果答案是否定的，那么经过基因工程改造的作物 - 转基因组合就会被免除 BRS 的监管。解除监管申请从未被 BRS 否决，但曾有数十项申请被主动撤销（USDA-APHIS 2017）。很多申请的撤销大概是对 APHIS-BRS 要求提供信息的反应（隐含之意是获得批准或许比较困难）。但这个结论纯属我个人推测。（注：APHIS-BRS 曾经否决过数百份田间测试申请。）

APHIS-BRS 对每一项解除监管的考量都伴随着征集公众意见。作为一个非营利科学倡议组织，忧思科学家联盟（Union of Concerned Scientists，简称 UCS）将南瓜的解除监管申请交给了我。UCS 曾将“佳味”番茄的申请交给我，征集关于它是否可能是植物性有害生物的意见。在读完申请材料之后，我没看出它可能是植物性有害生物的理由。“佳味”番茄缓慢的成熟过程让种植商不必非得采摘尚未成熟而且永远无法真正熟成的番茄。它的转基因让果实可以在成熟时采摘、包装、运输数百英里、储存，接着从包装中取出并摆放在超市货架上，看上去仍然就像刚刚完全成熟一样完美。我在 11 月吃过的最好的番茄就是“佳味”[使用的是商品名“麦格雷戈”(MacGregor's)]。使用基因工程为大众（或者至少为消费者）解决一个真正的问题，对于第一种接受监管——以及得到媒体注意——的转基因作物而言，这似乎是一个明智的决定。我对 UCS 如是说。

UCS 选择我审阅 ZW-20 的申请，是因为我曾经发表过一些关于工程基因意外进入自然种群的潜在风险的学术文章（例如 Ellstrand 和 Ho man 1990）。我此前关于植物的性和杂交的研究让我意识到，转基因作物和野生或杂草近缘物种之间的天然杂交授粉会将基因引入天然种群，有可能导致某种新杂草或其他问题植物的进化。已知天然杂交会发生在作物和它们的野生近缘物种之中。具体情况根据相关作物物种的不同会有很大差异，但是和植株间的水平基因移动相比，作物基因通过标准性过程流入天然种群的情况总是频繁得多。就像杂草甜菜的崛起一样，这样的杂交有时会导致一种新型有害植物的进化。这个问题并不常见，但有些案例非常突出。表 6.1 列出了栽培植物和它们的野生亲属之间预料之外的性导致问题植物进化的情况。表中的案例没有一例涉及转基因作物（目前来看），但是足够引以为戒（另外，少数作

188

物独立进化——没有发生天然杂交——成了杂草或者入侵物种，这本身就是个有趣的话题，但我们不会在这里展开，因为性在这些故事里没有发挥作用）。

表 6.1 “坏种”：由栽培植物和它们的野生或杂草近亲的计划外性关系进化出的问题植物，部分例子 *

性伙伴	幽会的地点 / 时间	问题后代 / 制造问题的地点
糖用甜菜 × 海甜菜	法国东南部 /20 世纪末，反复进行	杂草甜菜 / 欧洲
糖用甜菜 × 海甜菜	意大利东北部 /20 世纪末，反复进行	杂草甜菜 / 欧洲
栽培水稻 × 野生稻	亚洲 /19 世纪或更早	杂草稻 / 美国东南部
栽培高粱 × 石茅（Johnson grass），后者是作为牧场草从旧世界引进的	美国东南部 /19 世纪	更像杂草的石茅 / 北美洲
栽培高粱 × 野生拟高粱（*sorghum propinquum*），后者是从旧世界意外引进的杂草	阿根廷 / 未知	哥伦布草（Columbus grass）/ 澳大利亚，北美洲，南美洲
栽培珍珠粟 × 野生珍珠粟	非洲 / 继续中	杂草珍珠粟 / 非洲
栽培朝鲜蓟 × 野生蓟，后者是意外引进的欧洲杂草	加利福尼亚 /19 世纪末或 20 世纪初	一些入侵野生蓟种群 / 加利福尼亚
栽培萝卜 × 野芥菜（jointed charlock），后者是意外引进的旧世界杂草	加利福尼亚 /19 世纪末	加利福尼亚野萝卜（既是野草也是入侵物种）/ 北美洲太平洋海岸地区

* 摘录自 Ellstrand 等，2010。

下列问题提供了一种方法，用于判断杂交是否会产生某种值得深入研究的风险：在转基因作物将要种植的地区，是否有它的野生或杂草近亲生长？这种作物和它的野生近亲在自然条件下是否容易杂交授粉并产生杂交后代——也就是说，它们是否杂交亲和？杂种是否表现出任何显著的生育能力？如果转基因成功进入野生 / 杂草近亲的种群，它是否有潜力产生某种优势，令这种植物更好地生存或者制造更多种子？对任何一个问题的否定回答都足以令人断定，通过性传递的转基因要么稀少得不用担心，要么对不受管控的物种的生态习性方面产生的影响可以忽略不计。毕竟，突变、天然杂交和水平基因移动都在以非常低的速度将新基因持续引入天然种群，而我们并不担心这些天然过程。即使所有这些问题的答案都是肯定的，也不意味着一定会进化出某种新的杂草或入侵物种，它只是说明在解除监管之前需要进行更多研究（Rissler 和 Mellon 1996; Hokanson 等 2016）。

190

至于 UCS 对“佳味”番茄环境不利影响的评估请求，这种番茄在美国几乎没有野生或表现为杂草的杂交可亲和近亲。仅有的极少数此类植物距离商用番茄种植区非常远（数百英里）。此外，我花了几天时间思考延迟成熟这一性状如何能够影响某种杂草番茄的生态习性，令其成为一种“杀手番茄”。其他进化和生态遗传学家也是如此考虑的。我们大多数人没有看出对这种新番茄提出警示意见的任何理由。绝大多数不同意对这种番茄解除监管的意见通常和这种生物的生态习性没什么关系。

转基因抗病毒南瓜的情况和这种番茄截然相反。通过防御某些天敌，这种性状可以帮助某种植物成为杂草或者入侵物种。毕竟，入侵生物学这门新学科已经积累了大量的例子：许多物种在它们的故乡并没有入侵性，来到没有生物学天敌的新家园之后就成了肆虐的入侵物种——从澳大利亚的兔子到西北太平洋地区的贯叶连翘（St. John's wort）。（还记得第三章讨论的红皇后吗？）

夏南瓜有任何野生近亲吗？它们是杂草吗？如果是，它们容易和美洲南瓜杂交吗？如果容易，得到的杂种可育吗？如果可育，有证据表明转基因会增加其杂草习性吗？普强/安斯格公司的申请回应了这些问题。这份申请书至今还能在网上找到。[①] 该公司的结论直截了当：在美国，美洲南瓜（*Cucurbita pepo*）这个物种和两种野生南瓜自然杂交，分别是得克萨斯州的得克萨斯南瓜（*C. texana*）和来自美国东南部的观赏南瓜（*C. pepo* var. *ovifera*）。

191

申请书没有提到前者的杂草习性，至于后者，申请书声称："美洲南瓜（*Cucurbita pepo*）从未作为杂草出现在报告中。"作物和野生植物的杂种拥有和亲本同样的繁殖能力。在一项比较含转基因和不含基因杂种的实验中，没有观察到生活力方面的差异。申请书提到这项实验没有使用病毒，更多实验正在开展之中。此外，申请书对于将转基因控制在农场中表示乐观。它提到种子的传播不太可能发生，因为这种南瓜是在未成熟时收获的。虽然未收获的果实可能会犁进地里，但是当成熟的种子在第二年春天萌

① www.aphis.usda.gov/brs/aphisdocs/92_20401p.pdf.

发时，长出的幼苗会“被标准耕作措施清除”。同样地，申请书认为这种作物没有和野生种群交配的机会：

> 得克萨斯南瓜的地理分布有限，不包括乔治亚州或佛罗里达州——大部分黄色曲颈南瓜的产区。因此，这两个物种的地理重叠区很有限。在这些重叠区，遗传材料进入得克萨斯南瓜的可能性会被进一步限制，因为南瓜花粉只能传播很短的距离。例如，400 米的距离足以作为转基因南瓜种子生产的有效隔离……

最后，在谈到增加野生南瓜对病毒的抗性导致它们的生长习性更像杂草的可能性时，申请书提供了两个论据，解释为什么病毒抗性基因不会在自然种群中造成进化意义上的区别。申请书使用另一个物种臭瓜（*C. foetidissima*）作为例子，它是一个已经拥有病毒抗性的野生物种，而它“没有造成严重的杂草问题”。而且，在此前一项申请的后续研究中，普强 / 安斯格公司找到 14 个观赏南瓜的天然种群，并检查每个种群中的一棵个体植株，查看外表有没有病毒感染的迹象（其中的 9 个种群只进行了一次取样）。这些个体——以及由此外推的这些种群——被判定没有感染病毒。他们由此得到的结论是，对病毒的抗性不能帮助一种本来就不会感染病毒的植物。

192

南瓜是第一种目标性状可能为野生近缘物种带来竞争优势的

转基因作物，正因如此，全美多个学科的植物科学家——从病毒专家到杂草科学家、分类学家、生态学家，再到像我这样的进化学家——都审阅了这份申请书。他们做了一些事实核查的工作。别忘了在20世纪90年代初，互联网搜索的功能还十分有限，无论是撰写这份申请书的普强/安斯格公司的科学家，还是批评它的科学家，对于规模日益膨胀的科学文献，都只能瞎子摸象般接触到其中的一部分。例如，一些学者如果知道按照传统方式改良的抗病毒南瓜正在和这种转基因南瓜同时谋求走向市场，他们也许会重新考虑一下。不过，这些学者摸到了这家公司的科学家没有发现的大象的部位。

为得到确定性的答案，APHIS-BRS委托编写了一份报告，评估基因流从这种作物进入其野生和杂草近亲产生的风险。作为北美洲野生和杂草南瓜的世界级专家，得克萨斯州农工大学（Texas A & M）教授休·威尔逊（Hugh Wilson）列出了当时关于美国境内野生和杂草美洲南瓜的最新信息（Wilson 1993）。首先，威尔逊解释说得克萨斯南瓜和任何其他逸生美洲南瓜都是同一个物种。他还更正了申请书里的其他错误，逸生美洲南瓜的分布范围和夏南瓜实际上有很大的重叠，因为这种蔬菜倍受家庭园艺爱好者的青睐。与申请书对杂草习性的乐观态度相反，威尔逊指出，逸生美洲南瓜在阿肯色州、路易斯安那州、密西西比州、伊利诺伊州和肯塔基州都被认定为杂草问题。实际上，它已经连续几年被列为阿肯色州的十大杂草之一。他的报告并非全然负面。威尔逊指出，许多化学除草剂曾有效地控制了逸生美洲南瓜的爆发。

这份报告后面还有更多警告。至于从作物到杂草的基因流，他描述了自己 5 年前发表的一项实验，在这项实验中，相距 1300 米的驯化南瓜和逸生美洲南瓜之间发生了成功率高得惊人的天然杂交授粉，这比申请书中所谓的 400 米隔离距离远得多。他还发现和亲本相比，作物和杂草的杂种后代表现出了杂种优势，说明作物基因（无论是不是来自基因工程的基因）对杂草种群起到了积极作用。威尔逊最后在报告中得出的结论是，建议安排实验测试如果转基因进入野生或杂草种群，会产生多大竞争优势。

威尔逊教授不是唯一持保留意见的人。APHIS 收到的大量反馈都建议进行更多实验和描述工作，明确逸生美洲南瓜种群是否被相关病毒遏制，和/或转基因是否会影响它们的杂草习性。我是呼吁进行更多实验的众多科学家之一，并提交了一封单行距四页纸的信（以及很可能太多的个人态度），信的结尾是：

> 如果（……一个相当大的未知数）相关病毒控制逸生美洲南瓜种群的规模，如果（一个同样大的未知数）这种抗病毒转基因让逸生美洲南瓜获得适应度优势，那么这个转基因就会“打破平衡”，让一种本来微不足道的杂草产生巨大的经济损失和环境问题。

从某种意义上说，对 ZW-20 南瓜解除监管的决定可能是理想的生态学实验。如果北美逸生美洲南瓜因为来自转基因南瓜的基因流增强了其杂草习性，那么最高昂的代价是美国和墨西哥额外花费数千万美元控制杂草，而好处是我们会得到一个在容易和当地野生近缘物种杂交的作物中引入提高适应度的转基因性状的“个案历史”。

你们愿意为这个试验背书吗？

他们愿意。尽管 APHIS-BRS 拒绝了学者们提议的“实验方法”，理由是它们“有瑕疵”，但值得赞扬的是，普强 / 安斯格公司的科学家仍然开展了这些学者设计的某些类型的实验。遗憾的是，他们在种植野生植物和野生植物的杂种时遇到了困难。存活植株的样本数量少得无法得出任何确定性的结论。

1994 年 11 月中旬，我在第三届国际转基因植物和微生物田间测试生物安全结果研讨会上，遇到一位供职于 APHIS-BRS 的科学家。关于南瓜，我们进行了一场热烈的对话。我向他表达了对 ZW-20 解除监管这件事的关切，我对他说，ZW-20 是农业生物技术作物的不幸先驱，因为 APHIS-BRS 可能想要等一阵子，看看其他转基因作物的表现，然后再考虑要不要释放一种可能导致其野生近亲进化出更强的杂草习性的转基因作物。“诺曼，”他带着严肃的笑容说，“公众意见这么大，我们一定会认真对待的。那种南瓜不可能被解除监管”。离开会场时，我感到很安心，看来谨慎的意见占了上风。四周后，APHIS-BRS 解除了对 ZW-20 的监管。

195

我们从中学到了什么？监管机构的一名科学家并不决定政策。数年之后，当我向另一名 APHIS-BRS 的监管人员问起这次私下谈话时，我得到了一个简单的回答，“他不在我们这儿工作了”。

1995 年，普强 / 安斯格公司向 APHIS-BRS 申请对一个类似品种 CZW-3 解除监管，它通过基因工程的改造，得到了对三种病毒的抗性：西瓜花叶病毒 2 号、小西葫芦黄化花叶病毒和黄瓜花叶病毒。APHIS-BRS 得到的公众意见很少，而且全是正面的。第一次决策激起的争吵让那些呼吁在将转基因作物释放到环境中之前搜集更多实验信息的科学家感到不满。我们这些最开始牺牲自己的教学和研究时间提供公众意见的人已经吸取了教训。

现在，20 多年过去了，我们可以问问，“这场宏大的实验怎么样了？”很显然，这两种被解除监管的抗病毒曲颈南瓜都没有成为“吃掉小石城的夏南瓜”。但是一些曾在 1994 年参与争论的科学家充分利用了现实情况，即他们可以买到这些转基因作物的种子，去做他们曾经讨论过的实验。因此，逸生美洲南瓜有害生物相互关系的生态学原理以及转基因的生态效应如今都得到了更加深入的理解。实际上，如果当时能够拿到解除监管以来积累的这些数据，本可以为这些作物在过去 20 年里的真实命运提供预测性的视角。让我们来看看这项研究的结果。

196

远距离的风流韵事是否让转基因在逸生美洲南瓜种群中站稳了脚跟？使用遗传标记的研究表明，作物的基因存在于逸生美洲南瓜种群中，说明过去发生了杂交。但是内布拉斯加州大学（University of Nebraska）的一批科学家对许多逸生美洲南瓜种群进行了持续多年的调查，想看看转基因本身是否已经建立。他们一无所获（Prendeville 等 2012）。不过很难就此判断转基因南瓜是否曾经和任何逸生植株杂交。转基因最后没有出现在这些种群里，可能是因为南瓜的转基因品种从未像玉米、油菜、棉花和大豆的转基因品种那样流行。转基因品种在美国夏南瓜作物中只占18% 的比例（Johnson，Strom 和 K. Grillo 2007）。转基因或许曾经偶尔进入天然种群，然后在进化中消失了。

另一个原因是最近的研究表明，在不受人工管理的种群中，有利于转基因数量增加的外部状况并不像 ZW-20 解除监管时生态学家和进化学家们预期的那样普遍。一些最初的研究是赫克托·克马达（Hector Quemada）实施的，他是撰写那份解除监管申请的普强 / 安斯格公司的科学家之一。他组织了一个团队，想要进一步研究逸生美洲南瓜的病毒感染现状，看看病毒病对野生 / 杂草南瓜种群的控制程度到底如何。这个团队调查了从伊利诺伊州到得克萨斯州的数十个逸生美洲南瓜种群，并选择 10 个种群进行连续三年的仔细研究。在确认一棵植株是否感染黄瓜花叶病毒、小西葫芦黄化花叶病毒或西瓜花叶病毒 2 号时，他们使用的指标包括病毒感染症状（他们提到“被感染植株可能不表现症状”）和更敏感的免疫测试条带（和人类的怀孕测试条带在概念上相似）。他们每年都会在超过一半的种群中发现至少一株被感染的植物。

感染常常存在，但都不严重。通常而言，一个种群里的大部分植株都不会感染这三种病毒里的任何一种。即使它们被感染了，也不表现出症状；只有 2% 的观测植株曾表现出病毒感染症状。有趣的是，科学家在逸生种群中检测出了其他病毒；黄瓜花叶病毒、小西葫芦黄化花叶病毒和西瓜花叶病毒 2 号并不是逸生美洲南瓜的全部致病病毒。这些结果和一开始普强 / 安斯格公司程度有限的调查得出的逸生美洲南瓜种群不存在病毒的结论相反，但是它们支持那项调查的另一个结论：在不受人工管控的天然种群中，来自小西葫芦黄化花叶病毒和西瓜花叶病毒 2 号的病毒病压力几乎不会影响个体植株的适应度（Quemada 等 2008）。

除了这样的描述性研究，其他研究团队还用各种不同的实验比较了逸生美洲南瓜、栽培南瓜以及二者杂种——有和没有转基因——在一系列不同田间环境下的适应度。不同的实验得出了不同的结果。但大部分研究报告称，当环境中不存在病毒时，转基因对这些植物的适应度没有任何正面或负面影响。当病毒存在时，这些研究的结论比威尔逊和普强 / 安斯格公司向 APHIS 报告的结论更加复杂。这些研究表明，逸生美洲南瓜和栽培南瓜的第一代杂种到底拥有比它们的亲本更高、更低还是相差不大的适应度，主要取决于它们的生长环境。

让我们来看一个模拟逸生美洲南瓜种群自然生长条件的研究，被模拟的对象生长在南瓜田之外但位于授粉距离之内，也就是不使用杀虫剂而且不对病毒免疫的植株。由于不使用杀虫剂，传播致病病毒的蚜虫和传播细菌病害的黄瓜甲虫可以在实验植物上大快朵颐。宾夕法尼亚大学的米鲁娜·萨苏博士（Dr. Miruna Sasu）在安迪·斯蒂芬森教授（Professor Andy Stephenson）指导下开展的博士论文研究表明，生态遗传互作可以多么令人惊讶且难以预测。她比较了各种植物的表现：纯野生植物、转基因和非转基因作物与野生植物的杂种，以及杂种和野生逸生美洲南瓜的回交后代。在一项为期三年的实验中，每年小西葫芦黄化花叶病毒都通过蚜虫的自然传播席卷实验群体。绝大多数的感染量导致不受转基因保护的植株出现了典型的发病症状，生长速度也变慢了。黄瓜甲虫避开了不健康的（非转基因的）植物，主要啃食健康的转基因植株。随后，转基因植株感染了这些甲虫传播的致命的细菌性枯萎病。通过衡量所有虫害和病害的影响，萨苏证明（至少对于她的研究系统而言）野生南瓜属植物被作物授粉后得到的抗病毒转基因产生的任何进化优势都会被甲虫的进食偏好全部或部分抵消，因为后者会令致死细菌性病害的发病率升高（Sasu 等 2009）。

199

监管解除后的实验提供了许多在 1990 年代中期无法获得的信息。首先，它们提醒了我们，人类的无知程度——甚至是科学家，或者尤其是科学家——是多么令人震惊，我们应该保持谦逊。一些曾经反对解除监管的人（包括我）曾经相信杂交和适应度方面的一项好处足以滚动增加杂草习性和入侵性的进化雪球。在这样的系统中，我们错了。我们大多数人研究的是自然系统，没有意识到多年以来已经大量引入农作物的抗病虫害基因本来就有机会进入野生近亲种群——很显然这并没有让它们变得无法控制。转基因为什么会有区别呢？

事实证明，那场争论的双方同样无知，因为那份申请书、它的附录以及 APHIS-BRS 最终决定解除监管时的评估报告后来都被发现是错误的。这里有一个例子。克马达最近发表的全面透彻的多年多方法研究得出的结论（Quemada 等 2008; Prendeville 等 2012 年证实并加以延伸）是病毒感染存在于大多数逸生美洲南瓜种群，而 APHIS-BRS 声称最开始对每个种群一棵植株的一次外表症状检查“是合适的，足够的，能够据此判断（在 APHIS 的文件上使用了黑体印刷）一种植物是否是某种病毒的重要天然宿主”（引自国家研究委员会，2002）。另外，研究表明在没有病毒和所有其他病虫害的情况下，相关转基因在其研究系统内既没有进化上的优势，也没有劣势（Laughlin 等 2009）。20 世纪末的假设（尤其是农业生物技术拥护者心中的假设）是任何转基因都会在不受人为管控的环境中造成适应度代价，对野生植物有害，然后被自然选择清除。最后，最重要的发现是虽然南瓜的转基因令逸生美洲南瓜个体获得了对特定病毒的抗性，但 ZW-20 的抗性高度依赖于环境背景，对于逸生美洲南瓜而言几乎无法转化成整体适应度的提高。如果 1994 年有这些数据，我很怀疑会不会有哪怕一个生态学家或进化生物学家反对解除 ZW-20 的监管。

200

持续多年的实验曾让进化生物学家相信，单个基因的改变可以造成适应度的巨大提升。然而关于植物 - 病虫害互作的科学和入侵生物学如今已经让人明白，生活在自己家园的植物受到一系列病虫害的控制，而不是一种。过去20年的研究表明，伤害北美洲野生南瓜的东西包括各种病毒病、吮吸汁液的蚜虫、张口大嚼的甲虫，以及一种致病的细菌感染。在这种情况下，对极少数致病物种的抗性不足以打破进化平衡，创造出一种新的有害植物。在某种植物长期生活的家园，进化出对单独一种病虫害的抗性不一定能够轻易地让一个良性物种变成入侵物种，因为这个物种已经在漫长的生态时间中积累了多种生物天敌。

但是保持谦逊和开放的心态是件好事。入侵和杂草性植物的进化是一门年轻的科学，还有很长的路要走。问题植物的形成过程也许并非一条路径。在病毒抗性和南瓜的案例上，进化方面的变化似乎过于复杂。对于欧洲最大的杂草问题——杂草甜菜而言，情况就简单多了：只是抽薹时间的单独遗传变化。然而，就连这种进化路径也是难以预测的（即使是通过正式的风险评估），因为抽薹时间本身并不直接导致适应度的提高。

201

和早期相比，关于转基因作物生物安全的科学论述如今是冷静、礼貌、平衡的，而且有更充足的信息作为基础。每家大型转基因作物种子生产商都有自己的生物安全科学家。国立农业生物技术监管机构在它们原来由分子遗传学家、微生物学家、杂草科学家和植物病理学家组成的科学团队里增加了拥有进化学、群体遗传学和生态学背景的科学家。许多对生物安全感兴趣的生态学家和进化生物学家（比如我）已经转向相关研究问题，例如入侵性和杂草性的进化。

计划外的性涉及农业生物技术非凡产品，仍然值得关注，但这取决于具体的产品（而不是过程）。像“佳味”那样的基因通过种子混杂或不正当的性从一个番茄品种转移到另一个品种，这样的事如今很难让生物安全科学家感兴趣。但是一种经过转化并在种子中制造药类化合物的玉米和一种为人类和动物提供食物的植物之间的风流韵事就会引起担忧，而且这样的事已经发生了。这些制造药物的作物同时受到 APHIS-BRS 和美国食品药品监督管理局的监管。大约 15 年前，玉米是在农场生产药品的首选平台（USDA- APHIS 2017）。它们激起了很多争议和不小的担忧（Fernandez，Crawford 和 Hefferan 2002）。现在已经不是这样了，因为人们清楚地发现，很难不让这些植物的花粉（尤其是传播距离很远的玉米花粉）和种子跑到它们不应该去的地方。药用和其他工业化合物出乎意料地出现在玉米粥、玉米脆片和麦片里，这种前景足以让在食品产业链上的玉米产品制造商建议生物技术公司寻找花粉不容易传播的其他物种。玉米不再是生产此类化学物质的首选（USDA-APHIS 2017）。事实证明这是个好主意，因为转基因正在它们不应该出现的地方被发现，这其中就包括涉及玉米的案例。

在将近 20 年的时间里，大约每年都会发生一次有新闻价值的作物转基因被发现存在于意外地点的事件。在某些案例中，种

表 6.2　外出度假的转基因：转基因植物和意外配偶之间计划外的性（垂直基因转移）导致转基因逃逸的部分案例*

何物（转基因植物和其他植物）	何时（首次发现或报道）	何地
油菜品种之间的自发杂交导致农田中出现耐多种除草剂（耐草甘膦和耐草铵膦的转基因）的自生自长植株。	1998 年	加拿大各省
虽然墨西哥数年前就禁止了转基因玉米的种植，但是人们仍然在按照传统方式管理的地方品种中发现了转基因（耐草甘膦和抗虫），证明它们是曾和转基因品种交配的植株的后代。	2001 年，有数个后续研究	墨西哥各州
耐草甘膦油菜和杂草野油菜自发形成的种间杂种。	2003 年，后续研究 2008 年	魁北克省，加拿大
油菜品种的自发杂交导致路边出现耐多种除草剂（耐草甘膦和耐草铵膦的转基因）的自生自长植株。（注：日本购买转基因油菜籽，但不种植——这些植株或者它们的祖先一定是在从港口运输进口种子的车辆上撒落的。）	2003 年，有数个后续研究	日本
非转基因番木瓜树上的果实偶尔结带有抗番木瓜环斑病毒转基因的种子（由于和附近转基因果树的自发杂交授粉）。	2004 年	夏威夷，美国
油菜品种之间的自发杂交导致路边出现耐多种除草剂（耐草甘膦和耐草铵膦的转基因）的自生自长植株。	2004 年	曼尼托巴省，加拿大
转基因匍匐剪股颖和野生匍匐剪股颖的自发杂交产生了杂种后代，而且这些杂种后代含有一种尚未解除监管的耐草甘膦转基因。	2004 年，及数个后续研究	俄勒冈州，美国

续表

何物（转基因植物和其他植物）	何时（首次发现或报道）	何地
转基因匍匐剪股颖和小糠草（一种杂草）的自发杂交产生了杂种，并含有一种尚未解除监管的耐草甘膦转基因。	2004 年	俄勒冈州，美国
水稻品种之间的自发杂交导致一个尚未解除监管的耐草甘膦转基因以很低的频率出现在一个常见的非转基因水稻品种中。	2006 年	在欧洲发现；杂交过程发生在美国路易斯安那州
油菜品种之间的自发杂交导致路边出现耐多种除草剂（耐草甘膦和耐草铵膦的转基因）的自生自长植株。	2010 年	北达科他州，美国
墨西哥尚未正式解除对转基因棉花的监管，但是每年都有数千英亩作为“田间试验”的种植。科学家在棉花祖先的自然群体中发现了多个转基因（耐草甘膦、耐草铵膦，以及两种不同的抗虫性），证明它们是曾与转基因品种交配的植株的后代。	2011 年	墨西哥各州

* 摘录自 Ellstrand 2012。

子是在植物改良过程中或者加工厂里发生混杂的，有时是在运输过程中撒到了路边。在其他案例中，转基因植物参与了计划外的性。表 6.2 列出了这些有趣的幽会导致的一部分代表性案例。

油菜是这批植物当中最淫乱的。不但可以自花授粉、风媒授粉和虫媒授粉，它们还制造非常小的种子（直径只有两毫米），在前往市场和港口的路上偶尔会从火车车厢或者卡车上漏出来。以其有益于心脏健康的多价不饱和植物油闻名，油菜已经成为全世界十大作物之一。大受欢迎的程度加之种子细小，导致油菜因撒落种子的定居成为一种越来越常见的路边杂草。油菜并不是一种特别恶劣的杂草，可以被多种除草剂控制。但是有效除草剂的种类正在开始减少。不同自生自长油菜品种之间传统方式的性导致了耐除草剂这一性状的进化，这种方式和水平基因转移导致细菌得到耐不同抗生素基因的方式相似（但远远没有后者危险）。在加拿大萨斯喀彻温省和阿尔伯塔省以及美国的北达科他州等油菜产区，以及加拿大和日本的远洋贸易港口配套公路的路边，都曾发现耐三种除草剂的油菜植株（Ellstrand 2012）。

205

虽然性大行其道，转基因四处传播，但逃逸在外的转基因造成的主要破坏，还是让农业生物技术行业中一小拨曾经反复向公众保证一切都在控制之中——他们说的是让转基因植物待在它们应该在的地方——的人丢了面子。在大多数情况下，正如表 6.2 所反映的，性都是将转基因从作物品种中转移到作物品种中。只是在少数案例中，工程基因最后出现在野生或杂草种群中。耐草甘膦转基因最终出现在魁北克省的油菜和杂草野油菜（bird rape，油菜的一个近缘物种）的种间杂种中（Warwick 等 2008），这并不很令人意外。加拿大解除监管时的官方文件曾预测这件事很有可能发生。当这个地区的农民停止种植转基因油菜之后，科学家对这些源于杂交的种群进行了数年监测。转基因的频率正在逐渐下降。

最惊人的转基因逃逸故事不涉及食用植物，但精彩程度让它不能被忽略。一个通过基因工程导入草坪草物种匍匐剪股颖（creeping bentgrass）中的转基因从俄勒冈州的田间试验逃出，进入野生匍匐剪股颖和近缘物种小糠草（redtop）的天然种群。进行田间试验的植株是斯科茨公司（Scotts Company）和孟山都合作开发的，通过基因工程导入耐草甘膦基因。他们的想法是为高尔夫球场果岭创造一种“百万美元”草坪草。高尔夫球场的工作人员可以对果岭喷洒草甘膦，杀死除了转基因匍匐剪股颖之外的每一个物种。“百万美元”指的是完全由匍匐剪股颖构成的均匀一致、不含杂草的果岭可以成就赢得百万美元奖金的轻击入洞，不会让高尔夫球因为碰到不规则的羊茅（fescue）而偏离方向。

2003 年，这种匍匐剪股颖的解除监管之路一切顺利。斯科茨公司期盼可以尽快出售这种产品，并且觉得一种非食物转基因作物应该不会遭到什么反对。所以为什么要等到解除监管再繁殖用于上市销售的种子呢？斯科茨公司在俄勒冈州东部找到一块大约 17 平方英里的控制区并委托农民种植，还提交了一份田间试验申请，申请得到了 APHIS-BRS 的批准。田间试验的具体位置是

206

保密的。虽然没有说明原因，但有人认为这是为了防止激进抗议者打扮成弗兰肯斯坦与禾草结合的样子，跑来干扰生产。这样一来，当监管解除的时候，农民就能直接生产出用于销售的产品。

匍匐剪股颖是风媒授粉植物。我们已经知道，由风传播的花粉可以扩散到很远的地方，为另一棵亲和植株授精。匍匐剪股颖的野生近亲，包括同一个物种的野生类型，都是俄勒冈州东部的天然植被。在缺少隔离措施的情况下，花粉将作为传播媒介，通过有性生殖将受监管的转基因转移到杂交亲和的野生种群中。作为田间测试申请的一部分，斯科茨公司和孟山都有义务描述将这个转基因限制在既定区域内的方式。这个信息不容易从公开渠道获得，但我们可以进行一些有根据的猜想。下面这些是文献中已有的知识。在这种转基因匍匐剪股颖开始规模巨大的田间试验的两三年前，俄勒冈州哈伯德市（Hubbard）纯净种子检测公司（Pure-Seed Testing Inc.）的两名科学家报道了一系列评估匍匐剪股颖的成功杂交率如何随距离变化的试验（Wipff 和 Fricker 2001）。他们使用了耐另一种除草剂草铵膦的一个转基因品种作为标记——数百棵植株分成两块苗床种在实验用地中央，作为父本。他们将作为母本的非转基因植株种在距离这两块苗床距离不一的地方。他们连续两年从母本植株上收获种子。得到的幼苗种在田地里，一共有大约 400 万株，并施加三次草铵膦除草剂进行过滤。整理完数据之后，他们发现不同距离的转基因花粉的杂交率各不相同，但最大距离是 0.8 英里，在这个距离上，杂交率应该会下降到0.02%。

美国环境保护署（EPA）常驻俄勒冈州的职员莉迪亚·瓦特鲁德（Dr. Lidia Watrud）得知了这个规模巨大的田间试验。她和她的团队知道，匍匐剪股颖的最大杂交距离在很大程度上与控制区的大小和形状相关。他们有一种直觉，就算0.8英里的隔离距离也不足以控制住花粉。瓦特鲁德的团队从和控制区边缘距离不等的天然野生植物和实验性种植野生植物中收集种子。他们萌发了这些种子，然后用两轮喷洒测试出耐草甘膦的幼苗。对喷洒草甘膦后存活下来的幼苗进行转基因检测，证实它们的父本的确是转基因果岭品系。所有接触草甘膦并存活下来的幼苗都含有转基因。因为父本种群的具体位置不能确定，瓦特鲁德的团队对转基因花粉授精并产生杂交种子的最大距离进行了保守估计：对于野生匍匐剪股颖，这个距离是13英里；对于小糠草，这个距离是8.5英里（Reichman等2006）。因为种植区域并不在控制区的最边上，所以这些都是低估数字。瓦特鲁德将研究结果发表时（Watrud等2004），13英里的距离成了一项世界纪录，是科学史上有记录以来最遥远的植物间交配距离。对于一种没有脚、翅膀或者鳍的生物而言，这真是了不起！

208

斯科茨公司已经遭到罚款，并采取措施清除逸生转基因植株，然而这些植株很顽固。在前控制区之内和之外，转基因在野生种群中的频率都受到定期检测。目前，在研究这个逐渐明朗的转基因匍匐剪股颖的故事方面，俄勒冈州立大学卡罗尔·马洛里－史密斯（Carol Mallory-Smith）的实验室走在前列。和上文提到的油菜与野油菜的杂种不同，这种转基因的频率似乎在缓慢增加，即使野生种群生长在极少使用草甘膦的地方（Reichman 等 2006; Zapiola 等 2008）。[关于转基因草坪草犯下的罪恶的更多详情见 Snow（2012）。]

2015 年，斯科茨公司和孟山都撤回了 2003 年的申请，并提交了一份新的解除监管申请。[①] 同年 9 月，APHIS-BRS、斯科茨公司以及美国农业部达成了一项谅解备忘录和一项协议备忘录，内容是至少一直到 2018 年，斯科茨公司都要帮助被这种新杂草困扰的农民和灌溉区解决出现的问题。在那时，斯科茨公司和孟山都公司都同意将来不繁殖也不商业化这些植物。2017 年 1 月，APHIS-BRS 批准了斯科茨公司和孟山都对这种耐除草剂匍匐剪股颖的解除监管申请。[②] 不过伴随这项申请的是，2015 年的谅解备忘录和协议备忘录仍被认定有效。

209

拥有耐草甘膦基因的天然转基因匍匐剪股颖很难说是弗兰肯斯坦一样的怪物，但它是又一个再也无法使用草甘膦控制的物种。而且因为它不能被草甘膦控制，它开始堵塞俄勒冈州和其他地方的灌溉渠。草甘膦是在这种情况下极少数被允许使用的除草剂之一（Zapiola 和 Mallory-Smith 2017）。虽然这个故事不涉及食

① www.aphis.usda.gov/brs/aphisdocs/15_ 30001p.pdf.

② See https://www.aphis.usda.gov/aphis/newsroom/stakeholder-info/sa_by_date/sa-2017/sa-01/sa_cbg_rod and links therein.

用作物（一个近缘物种的种子可食用），但是这个涉及驯化草坪作物的例子说明，作物植物为了找到配偶愿意做到什么程度。长途浪漫，那可不是嘛！

无论一种植物是不是转基因植物，性都会发生。性将非转基因作物的基因转移到计划外植物中，这样的事情已经有几十例了。如果你买过一包白萝卜种子，种出来之后少数植株拥有红色或白色的根，那么你就见过计划外的性的影响。作物和作物之间的幽会长期以来一直被认为是植物育种者必须面对的现实，而他们会采取措施最大限度地降低他们所说的“污染”。

210

此外，当全世界的大部分作物位于其野生近亲的授粉距离之内时，肯定会有少数不正当的杂交授粉偶尔发生，而且基因流是双向的（Ellstrand 2003）。对于传统育种者，来自作物并进入野生近亲的基因流曾被认为无关紧要。在欧洲的杂草甜菜进化出来之前，从野生近亲进入作物的极少量基因流，通常被视为另一种类型的基因污染，并作为品种纯度问题得到育种者最大限度的控制。

但是转基因可以申请专利，也可以被剽窃。创造并销售它们的公司担心自己的产品最终落入心怀不轨之人的手中。为了将这些知识产权产品保留在农场里，这些公司提出并研究了各种补充性的基因工程策略。这样做有两方面的意义，既能保护财产免遭盗窃，又能结束转基因植物“自己播种野燕麦”等令人尴尬的新闻报道。这些策略包括种子不育的转基因（所谓的“终止子”基因）、无性和雄性不育，以及将转基因置于严格母系遗传的植物叶绿体中。尚未有任何一种方法被证明足够有效或者在其他方面值得放松监管（国家研究委员会 2004）。在找到有效控制转基因的解决方案之前，性不只是会发生，而且还是主宰。

基因工程和转基因作物的发展是断断续续的。从 20 世纪 90 年代末至 21 世纪 10 年代初，主要作物、重要的公司、主要性状以及重要生产国都几乎没有变化。在我撰写这本书期间，情况开始变得活跃起来。很难说这种趋势是否将持续下去。这一章的信息在 2017 年中期之前是准确的。我们唯一能够肯定的是，性的重要性不会在我们吃的食物中消失。我在本书的后记展望了植物的性与我们的食物在未来的相互作用。

211

食谱：转基因和非转基因墨西哥玉米卷

出于一系列原因，有些人竭力避免食用转基因食品。对于那些有这种倾向的人来说，到处都是可参考的文献资源，例如《非转基因菜谱》（The Non-GMO Cookbook；Pineau 和 Westgate 2013）。但是另一种倾向的人呢？我曾试图找到《转基因菜谱》

或同类图书，但只是徒劳无功。只是为了好玩，这里列出了两份菜谱：一份最大限度地减少转基因产品，另一份则最大限度地使用它们。目前，避免食用转基因食品很容易做到：购买有机食品，购买有非转基因标识（non-GMO）的食品。

更容易的办法呢？想大大减少转基因食品的摄入但又不想过于挑剔，而且不在乎能否做到零摄入，只需要在你的生活中告别加工食品就好了。

相比之下，创造一份全部由转基因食材组成的菜谱并不那么容易。市场上的转基因物种太少了。我浏览了一下自己最喜欢的菜谱，看看我能调整些什么，提出一套种类不同的合适食材。

遗传学家帕梅拉·罗纳德（Pamela Ronald）和有机作物种植者拉乌尔·亚当查克（Raoul Adamchak）合著了《明日餐桌：有机农业、遗传学，以及食品的未来》（Tomorrow's Table: Organic Farming, Genetics, and the Future of Food, 2008）。这本书对基因工程和有机农业进行了直截了当的参照对比，告诉我们应该谨慎使用我们所有的每一种工具，并以可持续的方式应对养活几十亿人口的危机。接下来两份菜谱的灵感来自这本书的"帕梅拉和拉乌尔的豆腐玉米粉薄饼"，我的最爱之一。

212

我能够完成不含转基因的菜谱，但是无法创造一份全转基因菜谱，只能将它改造成转基因加强版。下面就是这份菜谱，并附带对食材的评注（信息截至2016年年底是准确的）。

1 / 转基因强化墨西哥玉米卷
（信息截至2016年年底是准确的）

以偏好转基因产品的方式进行优化，并有一点作弊的嫌疑（见关于洋葱的解说）。不要使用有机产品或者有 non-GMO 标识的产品，它们一定总是高度非转基因的。

成分	评注
菜籽油	转基因油菜［包括芸薹（Brassica rapa）和欧洲油菜（B. napus）两个物种］在三个国家有商业种植。美国和加拿大的转基因油菜占全球产量的95%。
12个玉米粉薄饼	玉米是全球三大转基因作物之一。转基因品种在五大洲17个国家有商业种植。美国、巴西、阿根廷和加拿大贡献了绝大部分的全球玉米产量。全球生产的大部分玉米不是供人类直接食用的，而是用于生产动物饲料、生物燃料、加工食品和工业产品。
2杯硬质奶酪碎	最开始，大部分硬质奶酪是用凝乳酶生产的（一种起凝固作用的化合物，最初提取自宰杀后的新生小牛的胃）。如今在发达国家如美国、加拿大甚至欧洲大部分地区，凝乳酶是通过基因工程转入牛基因的细菌生产的。除了小牛犊和基因工程之外，其他选择包括来自植物的植物性凝乳酶和来自真菌的微生物凝乳酶。以转基因细菌为基础的奶酪在北美和欧洲市场上占主流。
1磅磨碎的老豆腐	大豆是全球三大转基因作物中的另一种（第三名是棉花）。豆腐是用大豆制成的凝块。转基因大豆在11个国家有商业种植。美国、巴西、阿根廷、加拿大和巴拉圭贡献了绝大部分的全球大豆产量。虽然豆腐是东亚大部分地区的一种重要食物，但在撰写这段话的时候，还没有一个亚洲国家生产过转基因大豆。全球生产的大部分大豆不直接用于人类食用，而是磨成大豆粉，几乎全部用作动物饲料和提取油脂，后者用于制造生物柴油和工业产品，或者用在加工食品中或者作为一种植物油间接进入人类的饮食。
3汤匙酱油	传统酱油是用水、小麦、大豆和盐制造的。水和盐显然是非转基因的。目前也没有商用转基因小麦。

续表

成分	评注
2汤匙切碎的新鲜洋葱	我在这里作了一下弊。要想得到更好的味道，这些墨西哥玉米卷需要使用葱类的风味蔬菜。此类蔬菜中唯一接受过田间试验的就是洋葱。它最近的田间试验是多年前在美国和新西兰进行的。市面上买不到转基因洋葱。
4汤匙新鲜番木瓜种子	食用转基因番木瓜在中国和美国有种植，尤其是夏威夷。要想确保你买到的果实是转基因的，购买下列品种之一："彩虹"（Rainbow）、"日升"（Sunup）或"日出"（Sunrise）。
1/4干燥的烤毛豆	毛豆是未成熟的大豆果实。里面的种子可以买到干燥、烤熟的类型。关于大豆的全面评注见上面的"豆腐"词条。

213 在平底锅中煎洋葱直至透明，加入豆腐、毛豆和酱油，翻炒。锅里的东西全部变成棕色时，关火保温。两面油煎玉米粉薄饼。撒奶酪碎。将炒好的豆腐装进玉米粉薄饼。撒少许番木瓜种子（注意，它们味道很辣）。搭配风味玉米沙拉食用。

2 / 无转基因墨西哥玉米卷（信息截至2016年年底是准确的）

所有下列食材都应该不含转基因。

成分	评注
橄榄油	转基因油橄榄在欧洲的田间试验有种植，目前还没有解除监管和商业化的明显动向。
6个小麦粉薄饼	在美国和其他地方，许多类型的转基因小麦正在进行数百项田间试验。2004年，一种耐草甘膦的转基因小麦在澳大利亚、哥伦比亚、美国和加拿大获准用于人类食用。然而它从未被解除农业生产上的监管。因此它还不可能商业化。

续表

成分	评注
1杯酸凝软奶酪（如白乳酪）	酸凝软奶酪的生产过程从不使用凝乳酶（见上表）。
2瓣大蒜，切碎	大蒜曾在实验室得到转化并种植在温室里，但显然还没有进入田野。
1/2茶匙切成小片的辣椒	转基因甜椒已经在中国得到作为食品种植的准许，但尚不清楚它们是否曾商业化。我找不到关于转基因辣椒（同一个物种）田间试验的任何记录。
1磅撕碎的熟鸡肉	科学家在实验室条件下创造和研究了很多种转基因动物。没有任何转基因鸟类或哺乳动物被批准用于人类食用，而且也没有任何上市前期工作的迹象。
1/4杯向日葵种子	因此，没有产品正在向解除监管和商业化的方向上努力。
1汤匙孜然	“概念验证阶段”的转基因孜然芹（译注：种子是孜然）曾在实验室制造出来，但距离用于田间检测的转基因类型诞生应该还有好几年的时间，值得商业化的类型需要的时间就更久了。
1汤匙牛肉汤头	见上表关于鸡肉的评注。
1汤匙意大利香醋	意大利香醋是一种来自意大利的葡萄制品。不同类型的转基因葡萄曾在美国和其他地方（包括意大利）进行过田间试验。转基因葡萄似乎距离解除监管还早得很，尤其是在欧洲。
1汤匙来自高粱的糖蜜	不同类型的转基因高粱曾在美国和非洲进行田间测试。没有任何一种接近解除监管。有意避免使用来自甘蔗的糖蜜。目前几乎每一座热带大陆上都有许多正在进行的转基因甘蔗田间试验。

215

在平底锅中煎大蒜直至透明，加入鸡肉、辣椒小片、孜然、汤头、醋和糖蜜，翻炒。锅里的东西全部变成棕色时，关火保温。两面油煎小麦粉薄饼。洒奶酪。将炒好的鸡肉装进薄饼，加盐调味。搭配牛油果、无糖无油洋葱番茄辣酱、绿色沙拉叶菜和切碎的番茄食用（我写这段话时市场上没有这些东西的转基因产品）。

后记：回到园子

你放进自己嘴里的东西和世界的其他部分相连。

——佚名

[217] 苏打饼干很难成为一顿好饭。为了考试必须记住的事实清单很难成为优秀读物。同样，棉花糖可能滋味甜美、令人兴奋，但到头来，它很难让人感到心满意足。被大肆炒作的网红美食最后也让人感到空虚。和食物构建充满意义的浪漫关系绝不只是计算热量或者感受一阵风似的恐慌和愉悦。走极端是不可能构建浪漫关系的。

持久的浪漫关系来自理解。理解大于知识，是生长智慧的基质。对于你放进自己嘴里的东西，第一步是理解食物和世界的其他部分相连。我们只是探讨了这种联系的一小部分，即性在将食物送到你的餐桌上这件事上发挥的作用。

本书的写作初衷之一是揭示我们实际上从未离开过园子。现在，你已经准备好这段旅程，那就在浪漫与食物、性和饮食的相互关联中尽情享受，这很有乐趣。如你所知，科学既不可怕，也不是书呆子的唯一领地。现在你已经得到了理解你的食物从何而来的工具。你可以将你学到的东西与你的价值观相结合，以确定你在今天与食品相关的一些争议上的立场。

218

理解自然如何运作，这是科学的一个定义。技术和科学不一样。技术是一套源自科学信息的工具和对这套工具的应用。和科学一样，"技术本身并不完成任何事情。就像万有引力定律一样，它没有意志或道德目的"（Charles 2005）。

让我们思考一下基因工程和新近创造的基因编辑技术。正如我经常对我的学生说的那样："基因工程是一种工具，锤子也是一种工具，锤子可以有高尚的用途——例如为无家可归者建造房屋。锤子也可以有险恶的用途——例如砸烂教授的脑袋。我不'支持'或者'反对'锤子。但我对它的用途有一些自己的意见！"对于植物基因工程技术，道理也是一样的。

目前，世界面临着一系列令人畏惧的挑战。太多人口和太多消耗的组合已经造成了一种不可持续的局面（Brown 2009）。我关心自己课堂上的学生们的未来。我们需要注意我们工具箱里的每一种工具，任何东西都不应被排除在考虑之外。在为人类提供食物这件事上，每一种选择都需要得到考虑：从家庭计划生育——尤其是那些个人成员对地球资源影响最大的家庭，到减少

图 7.1　回到园子

对来自温血动物的低效热量的消费，再到巧妙地使用可持续农业技术。选项包括通过最合适的植物改良方法“在以前只长单叶草的土地上种出双叶草”［Swift（1726）1999］，无论这种方法是驯化新的食用作物、传统育种，还是合成生物学、分子育种和基因工程等新的领域。我们常常可以愉快地应对未来的危机，不用心怀恐惧。正如我的一个朋友喜欢说的，“在保持快乐的同时拯救世界”。

220

下面是一种有趣食物的例子，它是饥饿问题的众多潜在解决方案之一。我吃过的一些最美味和最令人满意的食物是昆虫：中国云南省昆明市的炸蛴螬（beetle grubs）、墨西哥米却肯州莫雷里亚市（Morelia）的黄油大蒜煎蚂蚁卵、美国加利福尼亚州里弗赛德市的蟋蟀蘸巧克力。昆虫是好东西（Deroy 2015），而且它对地球的未来也有好处。和生产一磅牛肉消耗的水和能量相比，冷血昆虫只需要消耗这些资源的一小部分就能生产出一磅优质动物蛋白。它们可以用少得多的资源养活多得多的人口。这里不是对牛肉的指责，尤其是那些按照可持续的方式养殖的牛肉。

基于园子的方法是一种有意识的方法。因此当我们捡起一件工具时，我们会在使用它之前先加以思考：我们将锤子握在手里一会儿感受分量，盘算好如何恰当地使用它。也许它是完美的工具，然后我们开始使用。它划过一道漂亮的弧线，钉子令人满意地下沉；也许我们想起工具箱里有一件更好的工具，然后我们将锤子放下。简而言之，包含植物基因工程技术的锤子就在我们的工具箱里。它已经被证明是某些问题的良好解决方案，而对于另外一些问题则已经失败了。它一定是解决方案的一部分，但是——就像其他任何技术一样——我们必须确保我们谨慎地决定何时使用它并谨慎地控制我们如何使用它，以免在砸钉子的时候砸到我们的手指。

致谢

只依靠少数人的力量，这本书是不可能完成的。如果不是因为我写作之初及写作过程中得到各界人士的慷慨支持，你肯定无法读到本书。我已经描述了我从自己的父母以及早期科学导师大卫·南尼、唐·莱文和贾妮斯·安东诺维奇那里得到的鼓励。还有更多的人曾经教给我关于植物、性、遗传学和食物的知识。他们包括加州大学河滨分校的数十位同事，无论资历深浅。我的实验室成员给予了我家人般的温暖感觉，这些朋友们自称“埃尔斯特兰德小队”，给予了我持续终生的支持和鼓舞：珍妮特·克莱格（Janet Clegg），保罗·阿里奥拉（Paul Arriola），德特勒夫·巴尔奇，莱斯利·布兰卡斯（Lesley Blancas），尤塔·布格尔（Jutta Burger），丽莎·查诺-甘迪（Lisa Ciano-Gandy），伯尼·德夫林（Bernie Devlin），黛安·埃兰（Diane Elam），米歇尔·加杜斯，凯伦·古德尔（Karen Goodell），罗伯托·瓜达尼瓦罗（Roberto Guadagnuolo），苏布雷·赫格德（Subray Hegde），乔安妮·赫拉蒂（Joanne Heraty），西尔维亚·埃雷迪亚（Sylvia

221

Heredia），蒂莫西·霍茨福德（Timothy Holtsford），特丽·克林格（Terrie Klinger），珍妮特·利克-加西亚（Janet Leak-Garcia），珍妮弗·莱曼（Jennifer Lyman），黛安·马歇尔（Diane Marshall），玛尔莱斯·迈尔（Marlyce Myer），约翰·内森（John Nason），迈莱·尼尔（Maile Neel），黛博拉·帕利亚恰（Deborah Pagliaccia），约翰·珀洛坎（John Peloquin），罗伯特·波多尔斯基（Robert Podolsky），卡洛琳·雷德利（Caroline Ridley），杰弗里·罗斯-伊瓦拉（Jeffrey Ross-Ibarra），托妮·西伯特（Toni Siebert），凯蒂娅·西尔韦拉（Katia Silvera），莎娜·威尔斯（Shana Welles），李瑶（Li Yao，音译）和梅琳达·扎拉戈萨（Melinda Zaragosa）。和他们共事是我的荣幸。加州大学河滨分校的数十位教职员工曾给予我指导，不胜枚举。随着生态学和进化生物学领域涌现出一批新的年轻学者，这个名单仍在继续增长。他们聪明、积极、充满活力，为那些曾经在加州大学河滨分校学习过的人树立了完美的榜样。在我停教休假期间，在加州大学河滨分校之外的其他学者们十分慷慨地分享了他们的时间和资源，包括迈克尔·阿诺德（Michael Arnold）、弗朗西斯科·阿亚拉（Francisco Ayala）、赫伯特·贝克（Herbert Baker）、大卫·劳埃德（David Lloyd）、奥诺尔·普伦蒂塞（Honor Prentice）、洛伦·瑞斯伯格（Loren Rieseberg）、杰弗里·罗斯-伊瓦拉、雪莉·舒斯特（Shelly Schuster）和蒙特·斯拉特金（Monte Slatkin）。特别值得一提的是我的中国“孪生弟弟”卢宝荣与我的珍贵友谊和他的科学洞见。我很重视我们正在开展的合作。

在我的职业生涯中，对食用植物/性方面进行的相关研究的资金支持来源广泛：加州大学河滨分校的农业试验站，一项前往瑞典的富布莱特奖学金，一项古根海姆奖，以及来自美国国家科学基金会（简称NSF；尤其是NSF学科综合促进理解机会项目[简称OPUS]第DEB-1020799号拨款）、美国农业部、加州大学墨西哥和美国研究所（简称UC MEXUS）、加州牛油果委员会、瑞典林业和农业研究委员会、加州大学农业和自然资源部、加州大学生物技术研究和教育项目、加州大学种植资源保护项目、加州毛叶番荔枝协会，以及加州珍稀水果种植商联盟的津贴、合同与礼物。

我要感谢牺牲自己繁忙的时间为我的核心章节提出审阅意见的专家们：辛西娅·琼斯（Cynthia Jones，第2章），弗朗西斯·泽维尔·艾斯维（Francis Xavier Asiimwe，第3章），劳伦·加纳（Lauren Garner，第4章），德特勒夫·巴尔奇（第5章-甜菜），苏布雷·赫格德（第5章-作物改良），佩吉·勒莫（Peggy Lemaux，第6章-农业生物技术），以及安迪·斯蒂芬森（第6章-南瓜）。还有许多零碎的帮助来自其他人：加里·伯格斯特龙（Gary Bergstrom），皮埃尔·布德里，桑德拉·克纳普（Sandra Knapp），艾米·利特，卡罗尔·洛瓦特（Carol Lovatt），黛博拉·帕利亚恰，戴安娜·皮尔森（Diana Pilson），赫克托·克马达，艾利森·斯诺（Allison Snow），以及拉里·维纳布尔

（Larry Venable）。但我仍然将为存在的错误承担责任。

这本书相当一大部分是在“我的办公室之外的办公室”写成的。感谢达伦·康科瑞特（Darren Conkerite）创造了“里弗赛德市的客厅”Back to the Grind 咖啡馆，并将这里打造成适合创作的安静一隅。

特别感谢芝加哥大学出版社的编辑克里斯蒂·亨利（Christie Henry），克里斯蒂的热情和乐观为这个项目的进展增添了必不可少的能量，这在科学读物出版领域是稀缺而且宝贵的；小说家兼教授苏珊·斯崔特（Susan Straight），在一个雷雨夜抚慰了自己受惊的狗之后，她仍然有心情和能量为我鼓舞士气，指引我走出写这本书期间一段特别困难的时期；芝加哥大学出版社高级手稿编辑伊琳·德威特（Erin DeWitt）提升了手稿文字的清晰程度；西尔维亚·埃雷迪亚博士（Dr. Sylvia Heredia）贡献了她在科学插画方面的才华；艺术家贝弗利·埃尔斯特兰德（Beverly Ellstrand）贡献了卷头插画。最重要的是，我要感谢那些相信我并且经常容忍我的人：我最喜欢的同事兼爱人特蕾西·卡恩（Tracy Kahn），还有我的流行文化顾问兼儿子内森·埃尔斯特兰德（Nathan Ellstrand）。

向所有上述人士和许多我恐怕可能已经忘记名字的人，致以我最深的谢意。

参考文献

Acuña, R., B. E. Padilla, C. P. Flórez-Ramos, J. D. Rubio, J. C. Herrera, P. Benavides, S.-J. Lee et al. 2012. Adaptive horizontal transfer of a bacterial gene to an invasive insect pest of coffee. *Proceedings of the National Academy of Sciences USA* 109:4197–202.

Alston, J. M., and G. P. Pardey. 2014. Agriculture in the global economy. *Journal of Economic Perspectives* 26:121–46.

Andersson, M. S., and M. C. de Vicente. 2010. *Gene flow between crops and their wild relatives*. Baltimore, MD: Johns Hopkins University Press.

Antonovics, J., and N. C. Ellstrand. 1985. The fitness of dispersed progeny: Experimental studies with *Anthoxanthum*. In *Genetic differentiation and dispersal in plants*, ed. P. Jacquard, J. Heim, and J. Antonovics, pp. 369–81. Berlin, Germany: Springer-Verlag.

Avery, O. T., C. M. MacLeod, and M. McCarty. 1944. Studies on the chemical nature of the substance inducing transformation of pneumococcal types. *Journal of Experimental Medicine* 79:137–58.

Bakker, H. 1999. *Sugar cane cultivation and management*. New York: Kluwer Academic.

Barnosky, A. D., N. Matzke, S. Tomiya, G. O. U. Wogan, B. Swartz, T. B. Quental, C. Marshall et al. 2011. Has the Earth's sixth mass extinction already arrived? *Nature* 471:51–57.

Barraclough, T. G., C. W. Birky, and A. Burt. 2003. Diversification in sexual and asexual organisms. *Evolution* 57:2166–72.

Barron, C. 2016. Belgian man's pumpkin sets world record at a whopping 2,624 pounds. *Washington Post*, October 16.

Beachy, R. N., S. Loesch-Fries, and N. E. Tumer. 1990. Coat protein-mediated resistance against virus infection. *Annual Review of Phytopathology* 28:451–72.

Bennett, K. D. 2013. Is the number of species on earth increasing or decreasing? Time, chaos and the origin of species. *Paleontology* 56:305–25.

Bergh, B. O. 1968. Cross-pollination increases avocado set. *California Citrograph* 53(3):97–100.

——. 1973. The remarkable avocado flower. *California Avocado Society 1973 Yearbook* 57:40–41.

——. 1992.The origin, nature, and genetic improvement of the avocado. *California Avocado Society 1992 Yearbook* 76:61–75.

Bergh, B. O., and C. D. Gustafson. 1958. Fuerte fruit set as influenced by cross-pollination. *California Avocado Society 1958 Yearbook* 42:64–66.

——. 1966. The effect of adjacent trees of other avocado varieties on Fuerte fruit set. *Proceedings of the American Society for Horticultural Science* 89:167–74.

Biancardi, E., L. G. Campbell, G. N. Skaracis, and M. de Biaggi. 2005. *Genetics and breeding of sugar beet.* Enfield, NH: Science Publishers.

Biancardi, E., L. W. Panella, and R. T. Lewellen. 2012. Beta maritima. *The origin of beets.* New York: Springer.

Bijlsma, R., R. W. Allard, and A. L. Kahler. 1986. Non-random mating in an open-pollinated maize population. *Genetics* 112:669–80.

Blackburn, F. 1984. *Sugar-cane.* Harlow, UK: Longman.

Boudry, P., K. Broomberg, P. Saumitou-Laprade, M. Mörchen, J. Cuguen, and H. Van Dijk. 1994. Gene escape in transgenic sugar beet: what can be learned from molecular studies of weed beet populations? In *Proceedings of the 3rd international symposium on the biosafety results of field tests of genetically modified plants and microorganisms*, ed. D. D. Jones, 75–87. Oakland: University of California Division of Agriculture and Natural Resources.

Boudry, P., M. Mörchen, P. Saumitou-Laprade, P. Vernet, and H. Van Dijk. 1993. The origin and evolution of weed beets: Consequences for the breeding and release of herbicide-resistant transgenic sugar beets. *Theoretical and Applied Genetics* 87:471–78.

Bourdain, A. 2000. *Kitchen confidential: Adventures in the culinary underbelly.* New York: Bloomsbury.

Brown, L. 2009. *Plan B 4.0 Mobilizing to save civilization.* New York: Norton.

Can-Alonso, C., J. J. G. Quezada-Euán, P. Xiu-Ancona, H. Moo-Valle, G. R. Valdovinos-Nuñez, and S. Medina-Peralta. 2005. Pollination of "criollo" avocados (*Persea americana*) and the behavior of associated bees in subtropical Mexico. *Journal of Apicultural Research* 44:3–8.

Carman, H. F., and R. J. Sexton. 2007. The 2007 freeze: Tallying the toll two months later. *Agriculture and Resource Economics Update* 10(4):5–8.

Carroll, L. 1871. *Through the looking-glass and what Alice found there.* London: Macmillan.

Chanderbali, A. S., D. E. Soltis, P. E. Soltis, and B. N. Wolstenhome. 2013. Taxonomy and botany. In *The avocado: Botany, production, and uses*, 2nd ed., ed. B. Schaffer, B. N. Wolstenholme, and A. W. Whiley, pp. 31–50. Wallingford, UK: CABI Publishing.

Chandler, W. H. 1958. *Evergreen orchards*. Philadelphia: Lea and Febiger.

Chapman, P. 2007. *Bananas: How the United Fruit Company shaped the world*. Edinburgh: Canongate Books.

Charles, D. 2001. *Lords of the harvest: Biotech, big money, and the future of food*. Cambridge, MA: Perseus.

——. 2005. *Master mind: The rise and fall of Fritz Haber, the Nobel laureate who launched the age of chemical warfare*. New York: Ecco.

Coffey, M. D. 1987. *Phytophthora* root rot of avocado. *Plant Disease* 71:1046–52.

Cokinos, C. 2000. *Hope is the thing with feathers.* New York: Penguin Putnam.

Cox, P. A. 1988. Hydrophilous pollination. *Annual Review of Ecology and Systematics* 19:261–80.

Crepet, W. L., and K. J. Niklas. 2009. Darwin's second "abominable mystery": Why are there so many angiosperm species? *American Journal of Botany* 96:366–81.

Darwin, C. R. 1868. *The variation of animals and plants under domestication.* London: John Murray.

——. 1876a. *The different forms of flowers on plants of the same species.* London: John Murray.

——. 1876b. *The effects of cross and self fertilisation in the vegetable kingdom*. London: John Murray.

——. 1885. *The various contrivances by which orchids are fertilized by insects.* New York: Appleton.

——. (1859) 1902. *On the origin of species by means of natural selection.* London: John Murray.

Davenport, T. L., P. Parnitzki, S. Fricke, and M. S. Hughes. 1994. Evidence and significance of self-pollination of avocados in Florida. *Journal of the American Society of Horticultural Science* 119: 1200–207.

Degani, C., R. El-Batsri, and S. Gazit. 1997. Outcrossing rate, yield, and selective fruit abscission in "Ettinger" and "Ardith" avocado plots. *Journal of the American Society of Horticultural Science* 122:813–17.

Degani, C., A. Goldring, and S. Gazit, 1989. Pollen parent effect on outcrossing rate in "Hass" and "Fuerte" avocado plots during fruit development. *Journal of the American Society of Horticultural Science* 114:106–11.

Degani, C., A. Goldring, S. Gazit, and U. Lavi, 1986. Genetic selection during abscission of avocado fruitlets. *HortScience* 21:1187–88.

Delfelice, M. S. 2003. The black nightshades: *Solanum nigrum* L. *et al.*—Poison, poultice, and pie. *Weed Technology* 17:421–27.

Deroy, O. 2015. Eat insects for fun, not to help the environment. *Nature* 521:395.

Desplanque, B., P. Boudry, K. Broomberg, P. Saumitou-Laprade, J. Cuguen, and H. Van Dijk. 1999. Genetic diversity and gene flow between wild, cultivated and weedy forms of *Beta vulgaris* L. (Chenopodiaceae), assessed by RFLP and microsatellite markers. *Theoretical and Applied Genetics*. 98:1194–201.

Draycott, A. P. 2006. Introduction to *Sugar beet*, ed. A. P. Draycott, pp. 1–8. Oxford: Blackwell.

Dreher, M. L., and A. J. Davenport. 2013. Hass avocado composition and potential health effects. *Critical Reviews in Food Science* 53:738–50.

Ellstrand, N. C. 1992. Sex and the single variety. *California Grower* 16(1):22–23.

Ellstrand, N. C. 2003. *Dangerous liaisons? When cultivated plants mate with their wild relatives.* Baltimore, MD: Johns Hopkins University Press.

Ellstrand, N. C. 2012. Over a decade of crop transgenes out-of-place. In *Regulation of Agricultural Biotechnology: The United States and Canada*, ed. C. A Wozniak and A. McHughen, pp. 123–35. Dordrecht: Springer.

Ellstrand, N. C., and J. Antonovics. 1985. Experimental studies on the evolutionary significance of sexual reproduction. II. A test of the density-dependent selection hypothesis. *Evolution* 39:657–66.

Ellstrand, N. C., and K. W. Foster. 1983. Impact of population structure on the apparent outcrossing rate of grain sorghum (*Sorghum bicolor*). *Theoretical and Applied Genetics* 66:323–27.

Ellstrand, N. C, S. M. Heredia, J. A. Leak-Garcia, J. M. Heraty, J. C. Burger, L. Yao, S. Nohzadeh-Malakshah et al. 2010. Crops gone wild: Evolution of weeds and invasives from domesticated ancestors. *Evolutionary Applications* 3:494–504.

Ellstrand, N. C., and C. A. Hoffman. 1990. Hybridization as an avenue of escape of engineered genes. *BioScience* 40:438–42.

Ernst, A. A., A. W. Whiley, and G. S. Bender. 2013. Propagation. In *The avocado: Botany, production, and uses*, 2nd ed., ed. B. Schaffer, B. N. Wolstenholme, and A. W. Whiley, pp. 243–67. Wallingford, UK: CABI Publishing.

Feldman, M., F. G. H. Lupton, and T. E. Miller. 1995. Wheats. In *Evolution of crop plants*, 2nd ed., ed. J. Smartt and N. W. Simmonds, pp. 184–92. Harlow, UK: Longman.

Fernandez, M., L. Crawford. and C. Hefferan. 2002. *Pharming the field: A look at the benefits and risks of bioengineering plants to produce pharmaceuticals.* Philadelphia: Pew Charitable Trust.

File, A. L., G. P. Murphy, and S. A. Dudley. 2011. Fitness consequences of plants growing with siblings: Reconciling kin selection, niche partitioning and competitive ability. *Proceedings of the Royal Society B* 279: 209–18.

Fink, G. R. 2005. A transforming principle. *Cell* 120:153–54.

Flores, D. 2015. *Mexican avocado industry continues to enjoy strong growth*. US Department of Agriculture (USDA). Foreign Agricultural Service (FAS). GAIN Report No. MX5050.

Flot, J.-F., B. Hespeels, X. Li, B. Noel, I. Arkhipova, E. G. J. Danchin, A. Hejnol et al. 2013. Genomic evidence for ameiotic evolution in the bdelloid rotifer *Adineta vaga*. *Nature* 500:453–57.

Forbush, E. H. 1936. Passenger pigeon. In *Birds of America*, ed. T. G. Pearson, pp. 39–46. Garden City, NY: Garden City Books.

Ford-Lloyd, B. 1995. Sugarbeet and other cultivated beets. In *Evolution of crop plants*, 2nd ed., ed. J. Smartt and N. W. Simmonds, pp. 35–40. Harlow, UK: Longman.

Francis, S. A. 2006. Development of sugar beet. In *Sugar beet*, ed. A. P. Draycott, pp. 9–29. Oxford: Blackwell.

Frank, D. 2005. Bananeras: Women transforming the banana unions of Latin America. Cambridge: South End Press.

Frundt, H. J. 2009. *Fair bananas: Farmers, workers, and consumers strive to change an industry*. Tucson: University of Arizona Press.

Garner, L. C., V. E. T. M. Ashworth, M. T. Clegg, and C. J. Lovatt. 2008. The impact of outcrossing on yields of "Hass" avocado. *Journal of the American Society of Horticultural Science* 133:648–52.

Griffith, F. 1928. The significance of pneumococcal types. *Journal of Hygiene* 27: 113–59.

Group of Reproductive Development and Apomixis. 1998. "Bellagio Declaration." Laboratorio Nacional de Genomica Para la Biodiversidad. http://langebio.cinvestav.mx/?pag=424.

Hand, M. L., and A. M. G. Koltunow. 2014. The genetic control of apomixis: Asexual seed formation. *Genetics* 19. 7:441–50.

Harper, J. L. 1977. *Population biology of plants*. London: Academic Press.

Heywood, V. H., R. K. Brummitt, A. Culham, and O. Seberg. 2007. *Flowering plant families of the world*. Rev. ed. Richmond Hill, ON: Firefly Press.

Hodgson, R. W. 1930. The California avocado industry. *California Agriculture Extension Series Circular* #43.

———. 1947. The California avocado industry. *California Avocado Society 1947 Yearbook* 32:35–39.

Hokanson, K. E., N. C. Ellstrand, A. G. O. Dixon, H. P. Kulembeka,

K. M. Olsen, and A. Raybould. 2016. Risk assessment of gene flow from genetically engineered virus resistant cassava to wild relatives in Africa: An expert panel report. *Transgenic Research* 25: 71–81.

Holm, L. G., D. L. Plucknett, J. V. Pancho, and J. P. Herberger. 1977. *The world's worst weeds: Distribution and biology.* Honolulu: University Press of Hawaii.

Ish-Am, G., and D. Eiskowich. 1993. The behaviour of honey bees (*Apis mellifera*) visiting avocado (*Persea americana*) flowers and their contribution to its pollination. *Journal of Apicultural Research* 32:175–86.

——. 1998. Low attractiveness of avocado (*Persea americana* Mill.) flowers to honeybees (*Apis mellifera* L.) limits fruit set in Israel. *Journal of Horticultural Science and Biotechnology* 73:195–204.

James, C. 2015. *Global status of commercialized biotech/GM crops: 2015.* ISAAA Brief No. 51. Ithaca, NY: ISAAA.

Jefferson, R. A. 1994. Apomixis: A social revolution for agriculture? *Biotechnology and Development Monitor* 19:14–16.

Johnson, S., S. Strom, and K. Grillo. 2007. *Quantification of the impacts on US agriculture of biotechnology-derived crops planted in 2006.* Washington, DC: National Center for Food and Agricultural Policy.

Jones, J. B. 2008. *Tomato plant culture.* 2nd ed. Boca Raton, FL: CRC Press.

Kahn, T. L., and D. A. DeMason. 1986. A quantitative and structural comparison of *Citrus* pollen tube development in cross-compatible and self-incompatible gynoecia. *Canadian Journal of Botany* 64:2548–55.

Karttunen, F. E. 1992. *An analytical dictionary of Nahuatl.* Rev. ed. Norman: University of Oklahoma Press.

Kaul, M. L. H. 2012. *Male sterility in higher plants.* Berlin: Springer-Verlag.

Keeling, P. J., and J. D. Palmer. 2008. Horizontal gene transfer in eukaryotic evolution. *Nature Reviews Genetics* 9:605–18.

Kelly, A. F., and R. A. T. George. 1998. *Encyclopaedia of seed production of world crops.* Chichester, UK: John Wiley and Sons.

Kobayashi, M., J.-Z. Lin, J. Davis, L. Francis, and M. T. Clegg. 2000.

Quantitative analysis of avocado outcrossing and yield in California using RAPD markers. *Scientia Horticulturae* 86:135–49.
Koeppel, D. 2008. *Banana: The fate of the fruits that changed the world*. New York: Plume.
Larsen, K. 1977. Self-incompatibility in *Beta vulgaris* L. I. Four gametophytic, complementary S-loci in sugar beet. *Heredity* 85:227–48.
Laughlin K. D., A. G. Power, A. A. Snow, and L. J. Spencer. 2009. Risk assessment of genetically engineered crops: Fitness effects of virus-resistance transgenes in wild *Cucurbita pepo*. *Ecological Applications* 19:1091–101.
Lively, C. M., and L. T. Morran. 2014. The ecology of sexual reproduction. *Journal of Evolutionary Biology* 27:1292–303.
Lloyd, D. G., and C. J. Webb. 1986. The avoidance of interference between the presentation of pollen and stigmas in angiosperms I. Dichogamy. *New Zealand Journal of Botany* 24:165–82.
Longden, P. C. 1989. Effect of increasing weed-beet density on sugar-beet yield and quality. *Annals of Applied Biology* 114:527–32.
——. 1993. Weed beet: A review. *Aspects of Applied Biology* 35:185–94.
Martineau, B. 2001. *First fruit: The creation of the Flavr Savr tomato and the birth of genetically engineered food*. New York: McGraw Hill.
Mayer R. S., and M. D. Purugganan. 2013. Evolution of crop species: Genetics of domestication and diversification. *Nature Reviews Genetics* 14: 840–52.
Maynard Smith, J. 1971. What use is sex? *Journal of Theoretical Biology* 30:319–35.
Mazetti, K. 2008. *Benny and Shrimp*. Translation from the Swedish by Sarah Death. London: Penguin.
McGee, H. 2004. *On food and cooking: The science and lore of the kitchen*. Rev. ed. New York: Scribner.
Michod, R. E. 1997. What good is sex? *The Sciences* 37:42–46.
Molina, R. T., A. M. Rodríguez, I. S. Palaciso, and F. G. López. 1996. Pollen production in anemophilous trees. *Grana* 35:38–46.
Mücher, T., P. Hesse, M. Pohl-Orf, N. C. Ellstrand, and D. Bartsch. 2000. Characterization of weed beet in Germany and Italy. *Journal of Sugar Beet Research* 37(3):19–38.
Nakajima, N., and Y. Matsuura. 1997. Purification and characterization of konjac glucomannan degrading enzyme from anaerobic

human intestinal bacterium, *Clostridium butyricum-Clostridium beijerinckii* group. *Bioscience, Biotechnology, and Biochemistry* 61:1739–42.

National Academies of Sciences, Engineering, and Medicine. 2016. *Genetically Engineered Crops: Experiences and Prospects.* Washington, DC: National Academies Press.

National Research Council. 2002. *Environmental effects of transgenic plants.* Washington, DC: National Academy Press.

——. 2004. *Biological confinement of genetically engineered organisms.* Washington, DC: National Academy Press.

Newman, S. E., and A. S. O'Connor. 2009. *Edible flowers.* Colorado State University Extension factsheet. 7.237.

Ordonez, N., M. F. Seidl, C. Waalwijk, A. Drenth, A. Kilian, B. P. H. J. Thomma, R. C. Ploetz et al. 2015. Worse comes to worst: Bananas and Panama disease—When plant and pathogen clones meet. *PLoS Pathogens* 11: e1005197. doi:10.1371/journal.ppat.100519.

Otto, S. P., and A. C. Gerstein. 2006. Why have sex? The population genetics of sex and recombination. *Biochemical Society Transactions* 34:519–22.

Owen, F. V. 1942. Inheritance of cross- and self-sterility and self-fertility in *Beta vulgaris. Journal of Agricultural Research* 69: 679–98.

Owen, M. D. K. 2005. Maize and soybeans—controllable volunteerism without ferality? In *Crop ferality and volunteerism*, ed. J. Gressel, pp. 209–30. Boca Raton, FL: CRC Press.

Peterson, P. A. 1955. Avocado flower pollination and fruit set. *California Avocado Society 1955 Yearbook* 39:163–69.

Pineau, C., and M. Westgate. 2013. *The non-GMO cookbook: Recipes and advice for a non-GMO lifestyle.* New York: Skyhorse Publishing.

Pollan, M. 2001. *The botany of desire: A plant's eye-view of the world.* New York: Random House.

——. 2006. *The omnivore's dilemma: A natural history of four meals.* New York: Penguin.

Prendeville, H. R., X. Ye, T. J. Morris, and D. Pilson. 2012. Virus infections in wild plant populations are both frequent and often unapparent. *American Journal of Botany* 99:1033–42.

Quemada, H., L. Strehlow, D. S. Decker-Walters, and J. E. Staub. 2008. Population size and incidence of virus infection in free-living populations of *Cucurbita pepo*. *Environmental Biosafety Research* 7:185–96.

Reichman, J. R., L. S. Watrud, E. H. Lee, C. A. Burdick, M. A. Bollman, M. A. Storm, G. A. King et al. 2006. Establishment of transgenic herbicide-resistant creeping bentgrass (*Agrostis stolonifera* L.) in nonagronomic habitats. *Molecular Ecology* 15:4243–55.

Renner, S. S. 2014. The relative and absolute frequencies of angiosperm sexual systems: Dioecy, gynodioecy, monoecy, and an updated online database. *American Journal of Botany* 101:1588–96.

Richards, A. J. 1997. *Plant breeding systems*. 2nd ed. London: Chapman and Hall.

Rick, C. M. 1978. The tomato. *Scientific American* 239(2):76–87.

——. 1988. Evolution of mating systems in cultivated plants. In *Plant evolutionary biology*, ed. L. Gottlieb and S. Jain, 133–47. London: Chapman and Hall.

——. 1995. Tomato. In *Evolution of crop plants*, 2nd ed., ed. J. Smartt and N. W. Simmonds, pp. 452–57. Harlow, UK: Longman.

Rissler, J., and M. Mellon. 1996. *The ecological risks of engineered crops*. Cambridge, MA: MIT Press.

Ristaino, J. B. 2002. Tracking historic migrations of the Irish potato famine pathogen, *Phytophthora infestans*. *Microbes and Infection* 4:1369–77.

Roach, B. T. 1995. In *Evolution of crop plants*, 2nd ed., ed. J. Smartt and N. W. Simmonds, pp. 160–65. Harlow, UK: Longman.

Robinson, J. C. 1996. *Bananas and plantains*. Cambridge: CAB International.

Ronald, P. M., and R. W. Adamchak. 2008. *Tomorrow's table: Organic farming, genetics, and the future of food*. New York: Oxford University Press.

Salazar-García, S., L. C. Garner, and C. J. Lovatt. 2013. Reproductive biology. In *The avocado: Botany, production, and uses*, 2nd ed., ed. B. Schaffer, B. N. Wolstenholme, and A. W. Whiley, pp. 118–67. Wallingford, UK: CABI Publishing.

Santoni, S., and A. Bervillé. 1992. Evidence for gene exchanges between sugar beet (*Beta vulgaris* L.) and wild beets: Consequences for transgenic sugar beets. *Plant Molecular Biology* 20:578–80.

Sasu, M. A., M. J. Ferrari, D. Du, J. A. Winsor, and A. G. Stephenson. 2009. Indirect costs of a nontarget pathogen mitigate the direct benefits of a virus-resistant transgene in wild *Cucurbita. Proceedings of the National Academy of Sciences of the United States of America* 106:19067–71.

Schaffer, B., B. N. Wolstenholme, and A. W. Whiley. 2013. Introduction to *The avocado: Botany, production, and uses*, 2nd ed., ed. B. Schaffer, B. N. Wolstenholme, and A. W. Whiley, pp. 1–9. Wallingford, UK: CABI Publishing.

Sedgley, M. 1979. Inter-varietal pollen tube-growth and ovule penetration in the avocado. *Euphytica* 28:25–35.

Sharples, B. H. 1919. When is an avocado ripe? How to tell a ripe fruit. *California Avocado Association Annual Report*, 30–31.

Sherkow, J. S., and H. T. Greely. 2013. What if extinction is not forever? *Science* 340:33–34.

Shepherd, J., and G. Bender. 2002. A history of the avocado industry in California. *California Avocado Society Yearbook* 85:29–50.

Simmonds, N. W. 1966. *Bananas*. 2nd ed. London: Longmans.

———. 1979. *Principles of crop improvement*. London: Longmans.

———. 1995. Bananas. In *Evolution of crop plants*, 2nd ed., ed. J. Smartt and N. W. Simmonds, pp. 370–75. Harlow, UK: Longmans.

Singh, R. P., D. R. Hodson. J. Huerta-Espino, Y. Jin, S. Bhavani, P. Njau, S. Herrera-Foessel et al. 2011. The emergence of Ug99 races of the stem rust fungus is a threat to world wheat production. *Annual Review of Phytopathology* 49:465–81.

Sites, J. W., D. M. Peccinini-Seale, C. Moritz, J. W. Wright, and W. M. Brown. 1990. The evolutionary history of parthenogenetic *Cnemidophorus lemniscatus* (Sauria, Teiidae). I. Evidence for a hybrid origin. *Evolution* 44:906–21.

Silverman, M. 1977. *A city herbal.* New York: Knopf.

Smith, A. F. 2013. Sugar: A global history. London: Reaktion Books.

Snow, A. A. 2012. Illegal gene flow from transgenic creeping bentgrass: The saga continues. *Molecular Ecology* 21: 4663–64.

Soukup, J., and J. Holec. 2004. Crop-wild interaction within the *Beta vulgaris* complex: Agronomic aspects of weed beet in the Czech Republic. In *Introgression from genetically modified plants into wild relatives*, ed. H. C. M. den Nijs, D. Bartsch, and J. Sweet, pp. 203–18. Wallingford, UK: CABI Publishing.

Stace, C. A. 1975. *Hybridization and the flora of the British Isles.* London: Academic Press.

Standage, T. 2005. *A history of the world in 6 glasses.* New York: Walker and Co.

Stout, A. B. 1923. A study in cross-pollination of avocados in Southern California. *California Avocado Association Annual Report* 7:29–45.

Stover, R. H., and N. W. Simmonds. 1987. *Bananas*, Tropical agricultural series, 3rd ed. London: Longmans.

Suojala, T. 2000. Variation in sugar content and composition of carrot storage roots at harvest and during storage. *Scientia Horticulturae* 85:1–19.

Swift, J. (1726) 1999. *Gulliver's travels.* The Pennsylvania State University. www2.hn.psu.edu/faculty/jmanis/swift/g~travel.pdf.

Syvanen, M., and C. I. Kado. 2012. *Horizontal gene transfer.* 2nd ed. San Diego, CA: Academic Press.

Taylor, P. E., G. Card, J. House, M. H. Dickinson, and R. C. Flagna. 2006. High-speed pollen release in the white mulberry tree, *Morus alba* L. *Theoretical and Applied Genetics* 19:19–24.

Thangavelu, R., and M. M. Mustaffa. 2010. First report on the occurrence of a virulent strain of Fusarium wilt pathogen (Race-1) infecting Cavendish (AAA) group of bananas in India. *Plant Disease* 94:1379.

Tomar, N. S., A. Goel, M. Mehra, S. Majumdar, S. D. Kharche, S. Bag, D. Malakar et al. 2015. Difference in chromosomal pattern and relative expression of development and sex related genes in parthenogenetic vis-a-vis fertilized turkey embryos. *Journal of Veterinary Science and Technology* 6:226. doi:10.4172/2157-7579.1000226.

Turkington, R. 2010. Obituary: John L. Harper FRS, CBE 1925–2009. *Bulletin of the Ecological Society of America* 91:9–13.

United Nations. 2014. *World urbanization prospects: The 2014 revision highlights*. Department of Economic and Social Affairs. Population Division, United Nations.

USDA-APHIS. 2017. Animal Plant Health and Inspection Service (APHIS). "Biotechnology (BRS): Permits, Notifications, and Petitions." https://www.aphis.usda.gov/aphis/ourfocus/biotechnology/permits-notifications-petitions/sa_permits/ct_status/.

USDA-FAS. 2016. *Sugar: World markets and trade*. United States Department of Agriculture, Foreign Agricultural Service, Office of Global Analysis.

Van Valen, L. 1973. A new evolutionary law. *Evolutionary Theory* 1: l-30.

Viard, F., J. Bernard, and B. Desplanque. 2002. Crop-weed interactions in the *Beta vulgaris* complex at a local scale: Allelic diversity and gene flow within sugar beet fields. *Theoretical and Applied Genetics* 104:688–97.

Vrecenar-Gadus, M., and N. C. Ellstrand. 1985. The effect of planting design on outcrossing rate and yield in the "Hass" avocado. *Scientia Horticulturae* 27:215–21.

Waites, G. E. H., C. Wang, and P. D. Griffin. 1998. Gossypol: Reasons for its failure to be accepted as a safe, reversible male antifertility drug. *International Journal of Andrology* 21:8–12.

Waltz, E. 2012. Tiptoeing around transgenics. *Nature Biotechnology* 30:215–17.

Warring, A. 2013. Counting their blessings and giving back. *Citrograph* 4(1):22–30.

Warschefsky, E. J., L. L. Klein, M. H. Frank, D. H. Chitwood, J. P. Lando, E. J. B. von Wettberg, and A. J. Miller. 2016. Rootstocks: Diversity, domestication, and impacts on shoot phenotypes. *Trends in Plant Science* 21:418–37.

Warwick, S. I., A. Légère, M.-J. Simard, and T. J. James. 2008. Do escaped transgenes persist in nature? The case of an herbicide resistance transgene in a weedy *Brassica rapa* population. *Molecular Ecology* 17:1387–95.

Watrud, L. S., E. H. Lee, A. Fairbrother, C. Burdick, J. R. Reichman, M. Bollman, M. Storm et al. 2004. Evidence for landscape-level, pollen-mediated gene flow from genetically modified creeping bentgrass with CP4 EPSPS as a marker. *Proceedings of the National Academy of Sciences of the United States of America* 101: 14533–38.

Wendel, J. F. 1995. Cotton. In *Evolution of crop plants*, 2nd ed., ed. J. Smartt and N. W. Simmonds, pp. 358–66. Harlow, UK: Longman.

Whiley, A. W., B. N. Wolstenholme, and G. S. Bender. 2013. Crop management. In *The avocado: Botany, production, and uses*, 2nd ed., ed. B. Schaffer, B. N. Wolstenholme, and A. W. Whiley, pp. 342–79. Wallingford, UK: CABI Publishing.

Williams, G. C. 1975. *Sex and evolution.* Princeton, NJ: Princeton University Press.

Wilson, H. D. 1993. Free-living Cucurbita pepo in the United States: Viral resistance, gene flow, and risk assessment. Prepared for USDA Animal and Plant Health Inspection. Hyattsville, MD: USDA-APHIS.

Wipff, J. K., and C. Fricker. 2001. Gene flow from transgenic creeping bentgrass (*Agrostis stolonifera* L.) in the Willamette Valley, Oregon. *International Turfgrass Society Research Journal* 9:224–42.

Wuethrich, B. 1998. Why sex? Putting theory to the test. *Science* 281:1980–82.

Wutscher, H. K. 1979. Citrus rootstocks. *Horticultural Reviews* 1: 237–69.

Zapiola, M. L., C. K. Campbell, M. D. Butler, and C. A. Mallory-Smith. 2008. Escape and establishment of transgenic glyphosate-resistant creeping bentgrass *Agrostis* stolonifera in Oregon, USA: A 4-year study. *Journal of Applied Ecology* 45:486–94.

Zapiola, M. L., and C. A. Mallory-Smith. 2017. Pollen-mediated gene flow from transgenic perennial creeping bentgrass and hybridization at the landscape level. *PLoS ONE* 12(3):e0173308. doi:10.1371/journal.pone.0173308.

Zuckerman, C. 2013. Meet the Lumper: Ireland's old new potato. *National Geographic News.* http://news.nationalgeographic.com/news/2013/03/130315-irish-famine-potato-lumper-food-science-culture-ireland/.

索引

（索引页码为英文原书页码，即中文版页边码）

（注意：斜体页码指的是插图。）

Q

R

V

W

Y

Z

图书在版编目（CIP）数据

餐桌上的浪漫史：植物如何调情和繁育后代 / (美) 诺曼·C.埃尔斯特兰德 (Norman C. Ellstrand) 著；王晨译. -- 北京：社会科学文献出版社，2020.10

书名原文：Sex on the Kitchen Table: The Romance of Plants and Your Food

ISBN 978-7-5201-7047-5

Ⅰ. ①餐… Ⅱ. ①诺… ②王… Ⅲ. ①植物-繁育-普及读物 Ⅳ. ①Q945.5-49

中国版本图书馆CIP数据核字（2020）第144434号

餐桌上的浪漫史：植物如何调情和繁育后代

著　　者 / ［美］诺曼·C. 埃尔斯特兰德（Norman C. Ellstrand）
译　　者 / 王　晨

出 版 人 / 谢寿光
责任编辑 / 杨　轩

出　　版 / 社会科学文献出版社（010）59367069
地址：北京市北三环中路甲29号院华龙大厦　邮编：100029
网址：www.ssap.com.cn
发　　行 / 市场营销中心（010）59367081　59367083
印　　装 / 三河市东方印刷有限公司

规　　格 / 开　本：880mm×1230mm　1/32
印　张：8.375　字　数：171千字
版　　次 / 2020年10月第1版　2020年10月第1次印刷
书　　号 / ISBN 978-7-5201-7047-5
著作权合同登记号 / 图字01-2019-1378号
定　　价 / 69.00元

本书如有印装质量问题，请与读者服务中心（010-59367028）联系